试飞顶级战机

Testing Top Guns: United States Air Force and Navy Test and Evaluation Squadrons

〔美〕杰米·亨特（Jamie Hunter） 著

钱海江 李晓娟 译

爱德华兹空军基地 | 埃格林空军基地 | 内利斯空军基地 | 帕塔克森特河
海军航空站 | 中国湖海军空战武器站 | 穆古角海军航空站

中国市场出版社
China Market Press

图书在版编目（CIP）数据

试飞顶级战机 /（美）亨特著；钱海江，李晓娟译. —北京：中国市场出版社，2014.1

书名原文：Testing top guns

ISBN 978 - 7 - 5092 - 1135 - 9

I.①试… II.①亨… ②钱… ③李… III.①飞机—飞行试验—普及读物

IV.① V217-49

中国版本图书馆CIP数据核字（2013）第198177号

著作权合同登记号：图字01-2013-5875

书　　名：试飞顶级战机

著　　者：〔美〕杰米·亨特

译　　者：钱海江　李晓娟

责任编辑：白　琼

出版发行：中国市场出版社

地　　址：北京市西城区月坛北小街2号院3号楼（100837）

电　　话：编辑部（010）68032104　　读者服务部（010）68022950

　　　　　发行部（010）68021338　68020340　68053489

　　　　　　　　68024335　68033577　68033539

经　　销：新华书店

印　　刷：北京九歌天成印刷有限公司

规　　格：170毫米×230毫米　　1/16　　13印张　　187千字

版　　本：2014年1月第1版

印　　次：2014年1月第1次印刷

书　　号：ISBN 978-7-5092-1135-9

定　　价：58.00元

译序

　　军机试飞，在世界各国都是一个神秘而值得尊敬的行业。中国试飞界的一位名人曾说过："要把一架飞机从设计理念、图纸，变成一架成品，需要试飞团队；要把一架飞机的成品，最终变成部队的装备，形成战斗力就更需要试飞团队。可以说，没有试飞团队的航空工业是无法发展的，没有试飞团队再好的设计都不能真正变为合格好用的装备。"美国军事航空代表了当今世界的先进水平，在它背后有着怎样的试飞团队？

　　本书作者杰米·亨特（Jamie Hunter）是世界著名航空摄影记者，采用图文并茂的方式带大家走近美军有代表性的6个试验中队及其所驻扎的基地，结合美军历史上的经典飞机和武器装备的兴衰走向，介绍了它们的历史沿革、业务范围、代表之作，以及未来发展，向读者展示了试飞这一科技含量高、风险高、投入高、周期长的特殊行业，为广大军迷朋友提供一个了解美国军机试飞的窗口。本书还大量引用相关试飞人员的感受和认识，增加了真实感和可读性。

　　有趣的是，由于拿到原著时间较晚，比原著成书时间晚了约7年。这7年间，美国的军事航空水平有了怎样的提升，其试飞团队和基地设施又有了怎样的发展，现在已是有了定数，可以拿来与书中的预期进行比较。

　　本书由钱海江和李晓娟共同翻译，由知远战略与防务研究所组织翻译。译者在翻译过程中，尽可能表达作者的本意，但也担心军事航空专业知识欠缺和翻译水平不足而有所偏差，如有不妥之处，还望批评指正。

钱海江

2013年3月29日

于张家口

作者自序

这些美国空军和海军的试飞中队在这些著名航空基地驾驶各种各样的飞机执行各种各样的任务，对每一种飞机或新技术进行试验和评估。他们还想出新思路，尝试新方法，并解决如何才能为前线的战友提供最佳支援的问题。

在本书中详述的那些试飞基地和单位因其令人印象深刻的任务、令人惊叹的技术和多样化的飞行器而占据了独特的位置。试飞界驾驶老式和最新式的飞机去完成其任务，为我们呈现出一场迷人的航空盛会。

我曾有幸对这些难以置信的人和中队的活动进行了记录。乘坐穆古角基地VX-30"猎犬"中队的F-14D在太平洋上空翱翔，乘坐中国湖基地VX-31"沙漠魔鬼"中队的F/A-18F"超级大黄蜂"飞临加州沙漠和内华达山脉，乘坐埃格林基地第85试飞中队的F-16俯览墨西哥湾黄金海岸。拍照、调研直到成书，每一刻都是那么的令人难忘。

我有机会拍下读者所看到的那些精彩的照片以及完成本书，离不开许多人给予的宝贵时间和坚定不移的帮助，为此我对他们感激不尽。我要特别感谢比尔·查布上校在中国湖基地所给予的巨大帮助以及所写的前言。我还要为与第82航空靶标中队乘强大的F-4飞机同飞的荣誉而感谢"Jive"杰瑞·克尔比中校。

我还要感谢：洛克希德·马丁公司Code One 杂志社的艾瑞克·黑斯、胜彦德永、泰德·卡尔森、理查德·库珀、理查德·科伦斯、保罗·纽曼、比尔和韦斯利·特纳、克里斯·波科克和凯文·杰克逊。

本书图片使用佳能EOS-1D单反数码相机和EOS-3胶片相机配合富士Provia 100F胶片拍摄。

本书插图中所选用的关于美国空军和海军的图片不负明示或暗示的担保责任。

杰米·亨特

2006年5月于萨里

对在本书的编写过程中给予奉献与帮助的下列机构及人员表示衷心感谢：

美国空军	美国海军
威廉·库茨上校，第53联队	"拳头"比尔·查布上校
约瑟夫·泽尔斯上校，第46试飞联队	"火炬"韦德·克努森上校
"外星人"安东尼·墨菲中校	布鲁斯·费什特上校
"摇摆舞"杰瑞·克尔比中校	戴维·肯尼迪上校(退休)
迈克尔·瓦卡罗中校	指挥官蒂莫西·莫里
J.托德·希克斯中校	指挥官汤姆·布尔博
第85测试与评估中队	指挥官瑞奇·伯尔
"核潜艇"山姆·山尼菲尔特中校	指挥官约翰·佛莱明
"卢奇"戴维·卢汉中校	信息办公室
杰夫·威德中校	指挥官"粉红色"兰斯·佛洛德少校
格伦·格雷厄姆中校	指挥官"星期五"马可·托马斯少校
"快乐"道格·西摩尔上尉	指挥官丹尼·埃尔南德斯少校
"山羊"麦特·艾伦上尉	信息办公室
"兄弟"克里斯·希伯上尉	肯特·琼斯少校
詹森·麦地那上校	布赖恩·雷克斯少校
空军部长公共事务办公室	戴维·勒基特少校
卡洛斯·迪亚斯上尉	信息办公室
萨热·帕克上尉	詹姆斯·卡罗尔少校
第53联队飞行员协会	戴维·尼尔少校
丹尼尔·迪布瓦上尉	比尔沃利克
詹姆斯·马德罗斯中尉	多丽丝·兰斯
玛丽·麦克黑尔技术军士	海军航空兵飞行员协会
库德纳尔军士	詹姆斯·达西
空军部长公共事务办公室	海军航空兵飞行员协会
托尼娅·基保军士	约翰·罗默
约翰·海尔	海军航空兵飞行员协会
空军飞行试验中心飞行员协会	"米驰"阿道夫·米切尔
	万斯·瓦斯克斯
	米克·罗思
	约翰·米利曼

目录

上图：在中国湖基地秋日金色的阳光中，VX-31中队三架编队的"大黄蜂"急转弯进入环形着陆航线。（杰米·亨特 / AVIACOM公司）

序

—— 美国海军威廉·查布上校

作为一个20世纪90年代初期军机试飞员，当我在中国湖基地周围的领空飞行时，对我来说"湖"是个神奇的地方。中国湖靶场内和贯穿整个高原沙漠的大地为东南部山脉增添了无限魅力。2004年5月在我任第31"沙漠魔鬼"航空测试与评估中队指挥官期间，有幸接待了正在编写此书的杰米·亨特。在书中，他用文字和图片准确地捕捉到中国湖基地魅力的灵魂。他真实地描绘了一个位于沙漠深处的尖端武器试验系统。

他为军用飞机爱好者描述的VX-31"沙漠魔鬼"中队的试飞故事，远远超越了发动机的轰鸣和烟火的气味。本书反映了现实，读者会更加深刻地体会到操纵着飞机在位于内华达山脉的高山与加利福尼亚莫哈韦沙漠这片幻境般复杂的军事空域内飞行时，试飞员对于任务和效果的意义。

作者杰米·亨特是全球最受尊敬的航空摄影记者之一，他的才能、公正和友好合作的名声似乎远远超出他的家乡英国之外。被邀请为这本精彩的纪实文献作序对我而言是极大的荣誉。我认为这本书的亮点是关于武器试验的那些章节。他对试飞员的使命有洞察力的分析被一遍又一遍地证明，他成功地展示了军队各分支的试飞员是如何提升水平以满足国家需要的。

下图：任中国湖基地VX-31"沙漠魔鬼"中队指挥官期间的比尔·查布上校。（杰米·亨特 / AVIACOM公司）

引言

当代试飞

爱德华兹空军基地 ｜ 埃格林空军基地 ｜ 内利斯空军基地 ｜
帕塔克森特河海军航空站 ｜ 中国湖海军空战武器站 ｜
穆古角海军航空站

"飞行在42000英尺的高空，还有30%的燃料，于是我启动了三号火箭发动机燃烧室，速度随即达到了0.96马赫。我注意到随着速度越来越快，驾驶也越来越平顺。突然速度表指针开始抖动。速度达到了0.965马赫，接着指针向表盘右侧倾斜过去……我们进入了超音速飞行状态！像婴儿臀部一般平滑；平稳得可以让老奶奶坐在那儿喝柠檬水。"

——"卡盘"查尔斯·耶格尔将军

为了满足前线需要，美国军方不断地对一些世界上最先进的航空系统进行试验和评估。美国海军和空军拥有许多致力于这些任务的飞行中队，散布于美国最受关注的地区周围。在空中，一些地球上最具天赋的男女飞行员来操纵飞机。在地面，最专业的技术支持人员确保试验的安全和高效。这些飞行中队拥有一些世界上最多样化的任务和最刺激的飞行，并且可以对特定清单上所有飞机的当前状态进行全面的评述。这些中队与作为超音速飞行大本营和几乎所有

在用的当代武器系统发源地的如爱德华兹基地和中国湖基地一起，拥有一些独特的飞机和醇厚的历史。《试飞英豪》将带你进入驾驶舱，去领略这些难得一见的飞行中队的场景。美国空军位于爱德华兹和埃格林的试验基地试飞多种备受关注的机型并测试它们的极限。而内利斯基地，这里独具特性的靶场则是评估和制订新的作战条令的中枢。美国海军位于帕塔克森特河、中国湖和穆古角的试验基地与空军的性质大同小异。试验新型武器、引入新的功能以及打磨当代和未来的系统。这些基地历史悠久，以爱德华兹基地为最。虽然不是一本历史书，但如果没有对试飞的起源和那些

上图：一起横滚——来自埃格林基地第40飞行试验中队的试飞员驾驶一架美国空军试验用F-16B飞机，对现有高速喷气机惊人的灵活性进行验证。（杰米·亨特／AVIACOM公司）

上图：全力冲击！一名第40飞行试验中队洛克希德·马丁公司F-16"战隼"飞行员从埃格林空军基地起飞，打开全加力向天空冲刺。（杰米·亨特／AVIACOM公司）

上图：试验涉及采用最新的装备并使用到极限。没有比洛克希德·马丁公司F-22A"猛禽"更新更棒的了。通过穿着抗荷服在试验靶场上空进行的空战，证明了这种潜力，制订了相应的战术并将"猛禽"确立为未来的标准。

上图：飞行试验不只是针对新飞机，它还包括测试现有硬件并使之更完善。今天，升级比以往任何时候都重要。像由VX-9"吸血鬼"中队试验的波音公司F/A-18C"大黄蜂"飞机一直忙于为舰队的飞行中队评估新装备。（杰米·亨特／AVIACOM公司）

上图：佛罗里达州墨西哥湾沿岸的埃格林空军基地第85测试与评估中队三架编队的洛克希德·马丁公司F-16CJ飞机。这几架飞机配备有最新的技术。一些惊人的能力如在座舱内接收实时目标图像、远程确认威胁系统以及头盔瞄准等在这里是日常训练的内容。（杰米·亨特／AVIACOM公司）

创造了航空史的不可思议的飞机和试飞员的简要回顾，这本书就不完整。

今天的试验团队紧紧追随着昨日航空先锋的足迹。每项任务都有其价值所在，每个测试点都需要安全高效地完成以符合作战要求。达到这一目标的方法就是不断地发展以最好地满足需求。在美国"试飞英豪"们的参与下，这将是一段刺激和令人振奋的旅程。

左图：试飞员是一类特殊的人群。他们的工作是分析系统、使用系统、改进系统，这些能力需要相关的技能和培训。美国空军和海军能够招募到一些世界上最优秀的试飞员。（杰米·亨特 / AVIACOM公司）

上图：在为"超级大黄蜂"进行飞行甲板认证期间，美国海军"西奥多·罗斯福"号航空母舰（CVN-71）上，一架波音公司F/A-18E"超级大黄蜂"准备从四个舰上蒸汽弹射器中的一个弹射起飞，该飞机来自马里兰州帕塔克森特河海军航空站绰号"咸狗"的第23航空试验和评估中队（VX-23）。（美国海军 / 詹姆斯·福尔）

上图：由驾驶"超级大黄蜂"的比尔·查布上校率领的来自中国湖基地VX-31"沙漠魔鬼"中队的四机（混合）编队，很好地说明了一些试验单位任务的多样性。密集队形中，第一架飞机后面依次是指挥官蒂姆·莫里驾驶的F/A-18E、指挥官瑞奇·博瑟姆驾驶的F/A-18A和海军陆战队试飞员"老鹰"詹姆斯·霍金斯中校驾驶的TAV-8B"海鹞"飞机。（杰米·亨特/AVIACOM公司）

下图：在位于加利福尼亚州莫哈韦沙漠的中国湖海军空战武器站，一名来自VX-31"沙漠魔鬼"中队的试飞员走向他的F/A-18F"超级大黄蜂"飞机，去执行对一种新型侦察设备吊舱进行评估的试验任务。（杰米·亨特/AVIACOM公司）

下图：一架早期型号的F-22A"猛禽"正在飞入爱德华兹空军基地上空的蓝天，它执行的是飞行操控试验任务，用以明确其相关性能。（美国空军/空军飞行试验中心）

上图：在埃格林空军基地附近，J. 托德·希克斯中校驾驶洛克希德·马丁公司的Block 50型F-16CJ战机沐浴着午后的金色阳光。（杰米·亨特／AVIACOM公司）

左图：启动发动机——VX-30 "猎犬" 中队的指挥官瑞奇·伯尔在前往加利福尼亚州南部的太平洋导弹试验靶场执行二对一作战训练任务前，在位于穆古角的海军文图拉县基地为他的F/A-18A "大黄蜂" 战机发出启动信号。（杰米·亨特／AVIACOM公司）

左图：首先发现，首先摧毁。戴维·卢汉中校坐在"他的"F-16D战机中，佩戴了联合头盔提示系统。（杰米·亨特 / AVIACOM公司）

下图：试验中既有厄运也有奇迹。新项目不可避免地会遇到问题和挫折。2000年贝尔 / 波音公司的V-22"鱼鹰"项目在试验中两度遭遇灾难性的坠毁。多亏了其试验团队的努力工作和奉献，"鱼鹰"才从麻烦中摆脱出来，并作为未来的高性能平台赢得了尊敬。（美国海军）

左图：驻穆古角基地的VX-30中队的NP-3D飞机为在基地附近的太平洋靶场上空实施的许多试验任务提供极其重要的靶场控制。（杰米·亨特／AVIACOM公司）

下图：安全着陆。（杰米·亨特／AVIACOM公司）

第一章

爱德华兹空军基地

"正确" 的发源地

在军事试飞界里，很少有像位于加利福尼亚州的爱德华兹空军基地这样既神秘又声名远播的地方。作为美国空军飞行试验的发源地，爱德华兹空军基地赢得了自己特有的声誉，在那里飞行员们克服障碍、探索极限、飞至极端。这个大型空军基地属于空军器材司令部，坐落在干旱的莫哈韦沙漠中罗杰斯干湖床上。几十年来，基地附近人迹罕至的沙漠峡谷里总是回荡着声震，天空被发动机的噪声穿透，那是美国空军飞行试验中心在勤奋地向着更快、更高、更远的目标而努力。

今天，爱德华兹微微发亮的跑道少有不同，但仍然是令人印象深刻的航空器类型的盛会，并依然在忙碌地运转，但怪异和奇妙的行动经常不断的时代已

远去。就是说，这里的主要目的保持不变——试验。美国空军的军用航空武器试验分布在世界各地，精简为一个更小规模、更加高效的部队。更快、更高、更远已经变得更便宜、更快速和更高效。

爱德华兹的历史脉络清晰。该基地历史悠久、名人辈出，如耶格尔、克劳斯菲尔德和奈特都在这里推动了飞行试验的极限，他们只是那些在爱德华兹创造了历史的人们中的几个。该基地的历史其实可追溯到1933年，那时它作为马奇基地航空轰炸与炮兵靶场，一个位于莫洛克干湖边的远程设施而被建立。没过多久，外形奇特的飞行器成了这里的常客，因为位置偏远而吸引了大量的令人难以置信的新项目。1940年，一位名

叫万斯·布里斯的飞行员驾驶他的N-1M飞翼从附近的罗杰斯干湖飞来，这是这里的第一条飞行试验记录，同时也迈出了创建空军飞行试验中心的第一步。布里斯任职于杰克·诺斯罗普公司，而这是他的新公司的第一个项目，标志着诺斯罗普公司一种新飞行器的成功开始。这种早期的飞翼实际上是一个大型飞翼轰炸机三分之一比例的模型，该大型飞翼轰炸机就是强大的XB-35，后于1946年6月上天。

1942年9月，飞扬的尘土标志着该基地历史上另一个时代的来临。无标识的货运列车隆隆作响地开到沉睡的莫洛克湖边。货运列车里运载的是飞行试验史上最具有重大意义的飞机之一，美国第一架喷气式飞机。绝密的贝尔公司XP-59A的到来使得部分湖床被指定给空军器材司令部独家使用，一个轻便机库和营房被匆匆建成。关于该绝密项目最有趣的可以说是新飞机的引擎。通用电气公司的工程师们担心火车长途运输会对新技术产生影响，因此决定在整个秘密交付期间引擎保持运转以防止损坏。

1942年10月2日，贝尔公司的试飞员鲍勃·斯坦利升空进行首次"正式"

上图：在这张唤起对50年代回忆的照片中，一架波音XB-47"同温层喷气机"原型机拖着其六个通用公司的J35-GE-7涡轮喷气发动机产生的特殊尾迹，从爱德华兹空军基地的约书亚树上空威严地测滑掠过。（空军飞行试验中心）

飞行，尽管他已经在前些天的"快速出租车"试验中飞过了。

至此，这个加利福尼亚荒凉的角落已经成为美国空军器材司令部的飞行试验设施，后来被简称为"北基地"。没过一年，洛克希德公司带着它的XP-80项目来到这里，而莫洛克作为试验地点也有了自己的名称。

在现在的爱德华兹空军基地所在

下图：美国第一架喷气式飞机，绝密的贝尔公司XP-49A"空中彗星"于1942年来到这里，预示着爱德华兹空军基地飞行试验的开始。尽管它的性能达不到惊人，也没有任何参战经历，但是该型飞机为美国空军培养了人才，并为开发高性能喷气飞机铺平了道路。（空军飞行试验中心）

地，当时最著名的事件就是1947年10月14日上午，"卡盘"查尔斯·E.耶格尔上尉驾驶亮橙色的贝尔X-1成为突破音障的第一人，完成了一个了不起的壮举。这一成就确定了航空发展的方向和军事航空的未来。

在40年代末至50年代初期，不正规的安全飞行方法是造成英勇的试飞员小组发生令人恐惧的高事故率的一个因素。飞行员飞过的新机型数量令人难以置信，累积飞行架次十分惊人。"卡盘"耶格尔因曾在单月内飞过27种不同型号的飞机而出名。1948年这里发生了

一个13人丧生的悲剧。1948年6月5日，格伦·爱德华兹上尉和他的同事们因XB-35飞翼轰炸机的衍生机型YB-49喷气机的坠毁而身亡。1949年12月，该基

上图：1947年10月14日，"卡盘"查尔斯·E.耶格尔上尉驾驶贝尔X-1火箭研究飞机在罗杰斯干湖上空以马赫数1.06的速度疾飞，成为实现超音速飞行的第一人。可怕的音障被突破后，一场非正式的竞争在美国空军的"X系列试验机"和美国海军的超音速"空中火箭"研究机之间展开。海军于1953年11月首先达到了马赫数2，但随即耶格尔驾驶改进的X-1A达到了马赫数2.44。（空军飞行试验中心）

上图：XB-35飞翼轰炸机，具有反转的推进器，拍摄于该机在爱德华兹实施飞行试验项目的早期。（空军飞行试验中心）

地以他的荣誉更名为爱德华兹，1951年6月25日，该基地正式成为众所周知的美国空军飞行试验中心。

下图：YF-12飞机是洛克希德公司令人惊叹的SR-71A飞机的发展型，被设想为一种速度达马赫数3的截击机。YF-12从未投入生产，但SR-71却因其作为一个作战高度超过80000英尺的侦察平台而引人注目。（空军飞行试验中心）

上图：久负盛名的X-15试验小组的部分成员：乔·恩格尔上尉、"钟摆"罗伯特·A.拉什沃思少校、"杰克"约翰·B.麦凯（国家航空航天局）、"皮特"威廉·奈特少校、米尔特·汤普森（国家航空航天局）和比尔·达纳（国家航空航天局）。（空军飞行试验中心）

上图：今天的爱德华兹。作为未来载人空战的代表，洛克希德·马丁公司的F-22A"猛禽"在爱德华兹经过了广泛的试验。该型战机重写了空战手册。图中的"猛禽02"（4002——二次开发飞机）正飞过塔台。（空军飞行试验中心）

上图：一架属于爱德华兹基地第416飞行试验中队的F-16D飞机在罗杰斯干湖上空飞行。注意那些在湖床上标示出的跑道。（空军飞行试验中心）

学会试飞

试飞员学校

学习如何测试飞机成为一项严肃和重要的工作。1944年，美国空军试飞员学校在俄亥俄州的赖特－帕特森空军基地落成。作为一个自然的过程，它于1951年搬迁到试飞"圣地"爱德华兹。早期充满风险的情况已经荡然无存，如今的试飞员是一个扩展航空界限的稀有和特殊的职业。

2005年试飞员学校的指挥官是安德烈·格尔纳上校。埃里克·拉奇尔中校是当时该校的副指挥官，他说："当学员们第一次走进学校，我们就着手教他们飞机是如何飞行的，多快、多高、多远。我们教授基本的空气动力学、如何对起飞和着陆进行试验、能量的概念，所有这些构成了基本的飞行试验。这包括57小时的基本性能理论和21小时的飞行时间。"

本图：冲向天空。这架闪闪发光的洛克希德公司的F-104"星座"式战斗机被引人注目地安装在爱德华兹基地美国空军试飞员学校大门外的底座上。（杰米·亨特/AVIACOM公司）

　　如今爱德华兹基地试飞员学校的许多课程是针对特殊要求量身定制的，而"基础知识"仍然是长期的年度课程。这个48周的课程向飞行员、领航员和机械师传授了解试验所需的一切知识。学校总是积极地对来自前线的要求进行改变和响应；他们甚至为新一代无人机试飞员提供课程。

　　由于美国空军对"全新"飞机的试验越来越少，系统试验的重要性与日俱增。对现有平台的新装备和提高的性能进行试验和评估的能力，正在成为这项艰巨工作最重要的方面之一。试飞界在不断改革，把重点放在了新理论上，如网络中心战，以支持对新技术的快速调用能力。

　　为完成试验任务，位于爱德华兹的美国空军试飞员学校要飞多种机型，主要有T-38"禽爪"和F-16"战隼"。拉奇尔中校解释说，"我们的主力是T-38、F-16和比奇公司的C-12飞机，由于爱德华兹基地在与埃格林基地的竞争中失去了所有关于F-15'鹰'的试验工作，我们也就失去了F-15'鹰'。在教学计划中我们拿出2~3个月时间，让学员走出去并一起核对配置文件以详述一架特定的飞机在其极限之内的所有性能。这是学员们第一次重要的航空试

　　验。我们尝试介绍一架他们从未驾驶过的飞机。在演示阶段之后，我们研究飞行品质，并让学员们去探究是什么使飞机的操控品质下降。这样的日子日复一日，我们没有建造新飞机，但我们在修改旧飞机，因此系统阶段正在成为课程的关键点之一，我们研究光电和红外系统、雷达和武器。刚刚开始的网络中心战课程是重要的，我们正开始教授如何

上图：一架担负试飞员学校任务的洛克希德·马丁公司的F-16B在爱德华兹22号跑道尽头滑行。（杰米·亨特/AVIACOM公司）

走出去并对其进行试验。战略家提出的新理论不断地被纳入到我们的课程当中。实际上，最新的进展之一是空军飞行试验中心的飞行试验大学，是爱德华兹基地作为飞行测试与评估领域的卓越核心的一个新项目。

上图：远处位于F–16编队的KC–10A加油机，它被部署在这里保障对F–22A的试验。（杰米·亨特/AVIACOM公司）

上图：一名"毒蛇"（F–16的绰号）飞机的飞行员在F–16座舱里进行起飞前检查，准备从爱德华兹基地出发执行训练任务。（空军飞行试验中心）

下图：一架试飞员学校的勤务机，诺思罗普公司的T–38C"禽爪"，配备有一个大型仪器探杆，在爱德华兹傍晚的阳光中等待着它的学员。（杰米·亨特/AVIACOM公司）

上图：爱德华兹工作模式。一名学员从教练员手中接管对运动型"离爪"飞机的控制，收回起落架。（杰米·亨特/AVIACOM公司）

上图：爱德华兹基地，坐在F-16B飞机中的试飞员学校的教练飞行员。（杰米·亨特/AVIACOM公司）

"随着时间的推移，这里的课程也在与时俱进。我们过去常常中断一种飞机去飞另一种飞机，然后回来写正式的报告。我们已经改变了这种方法，现在

我们对全部而不是部分过程进行一周的实地考察。"

学校的关键资产之一是可变稳定性飞行模拟器NF-16D，覆盖各型F-16飞机，主要用于对操控质量的培训。莱杰尔中校说："可变稳定性飞行模拟器本质是一个飞行模拟器。前座舱有一个侧杆和一个中杆，一旦你'升空'，你可以重新配置飞机以不同的方式飞行，比如模拟鸭翼、三角翼或是巨大的重型飞机。作为一架F-16飞机，人们可以操纵它飞行和机动甚至弃机。"

爱德华兹的美国空军试飞员学校吸引着来自世界各地的学员，等候入学者排起了长队，名次的竞争也很激烈。对于飞行员而言，必须有一个有代表性的

上图：试飞员学校双机编队的F-16B飞机缓缓滑向跑道。这两架飞机都来自一批为巴基斯坦制造的F-16飞机，由于1990年武器禁运而未能交付。在封存了许多年之后，这些飞机中的一部分被分配到美国空军试验机队，其余的被分配到位于法伦海军航空站的美国海军打击与航空战术中心，用于模拟敌机。（杰米·亨特/AVIACOM公司）

上图：在莫哈韦沙漠上空，一架试飞员学校的F-16B与一架KC-135R加油机编队飞行。亮色涂装的F-16飞机也被第445飞行试验中队使用。（空军飞行试验中心）

记录和至少750个飞行小时才能得到名额。"总的来说，美国空军的规模在缩小，但在试飞界还没有大的人才外流。我们在这里的任务决定了人员配备程度是非常重要的，而我们有100%的人手。我们有一个新的持续三周的无人机飞行试验课程。它开始于2005年3月，而业界正在为无人机试飞员的出现而惊叹。我们为能培养出一流的试飞员和领航员而骄傲。"

下图：一架试飞员学校F-16B飞机在第412试验联队标志的映衬下显得有些华丽。（杰米·亨特/AVIACOM公司）

上图：试飞员学校使用可变稳定性飞行模拟器NF-160，它是一种特殊的平台，用于对飞行员进行不同操控质量的培训。该机也被用来对新的技术概念进行评估。（空军飞行试验中心）

右图：通过机鼻上的GPS天线和飞行员的平视显示器可确定这架"禽爪"为T-38C。（杰米·亨特/AVIACOM公司）

上图：爱德华兹基地一架由第412试验联队使用的C-12C飞机。试飞员学校在长达一年的课程中广泛使用该型飞机。（杰米·亨特/AVIACOM公司）

上图：闷热的爱德华兹，T-38飞机的教练员和学员开着座舱盖直到要关闭的最后一分钟，以免在起飞前座舱内过热。（杰米·亨特/AVIACOM公司）

右图："猛禽"01和02号机在爱德华兹基地附近的内华达山脉上空的照片。这是9架能飞的工程机中最早的两架，还有更早的两架用于静力试验。在爱德华兹，"猛禽"02号机被广泛用于武器试验。"猛禽"01号机现已退役并存放在位于赖特－帕特森空军基地的美国空军博物馆。（美国空军）

上图：这架T-38C沐浴着爱德华兹下午金色的阳光，在22号跑道附近顺着气流巡航。该机配备了新的航空电子设备主机和经过重新设计的发动机进气口，以及新的弹射座椅。（空军飞行试验中心）

右图：未来就在这里。洛克希德·马丁公司的F-22AA"猛禽"从1998年起就在爱德华兹进行飞行试验。（美国空军／技术军士本·布洛克尔）

尖端测试

"猛禽"联合试验部队

有机会登上一架新飞机并将它飞到极限对任何飞行员而言都是终极梦想。在那些日子里，很少有能够实现这种荣耀的项目出现，当然，也很少有什么地方比爱德华兹更适合这方面的工作。就美国的战斗机而言，洛克希德·马丁公司的F-22A"猛禽"和即将到来的F-35联合打击战斗机都严格执行项目程序，但还是牵涉到采用一种新类型并了解它能做什么。

肖恩·波尔少校是第411飞行试验中队的一名"猛禽"飞机飞行员，他说："我在前线部队驾驶的是F-16，在试飞员学校的第二年加入第411中队F-22A'猛禽'联合试验部队前，我跨单位到了第416飞行试验中队，曾加入F-16联合试验部队。我在廷德尔空军基地学习向'猛禽'转换的课程，在爱德华兹完成部分飞行培训。第411中队像许多联合试验部队一样，由来自军方、政府、平民和承包商等各方面的飞行员，以及工程师和经理人组成，大家在一起工作。"

2005年9月，"猛禽"联合试验部队爱德华兹小组正处于该计划中详尽的工程制造与研发阶段的尾声。波尔少校解释说："F-22是一头怪兽，因为我们还没有完成其全部工程制造与研发工作，而作战中队却已经成立了。我们正在完成工程制造与研发的最后一部分试验工作，以使'猛禽'能够在2005年12月被宣布投入使用。最重要的部分是弄清楚其余的飞行包线，因此还有大量试验工作要做，而我们正处在2005年10月底完工前的繁重工作之中。我们几乎已经完成了'全部'飞机试验，并正准备对双外挂油箱配置进行测试，既有包线扩展也有震颤试验，以便飞行中队的伙计们飞这架喷气机时不会有太多的限制。我们正在进行的另外的工作是联合直接攻击弹药超音速分离试验，以确保此炸弹能安全地从该机上发射。"

设想作为替换F-15C"鹰"的先进战术战斗机，"猛禽"自1998年5月在爱德华兹开始飞行试验以来已经走过了很长的路。洛克希德·马丁公司建造了9架用于工程制造与研发的飞行"猛禽"（还有两架静力试验机身），用于和这里的联合试验部队一起应对试验任务和研发工作。在爱德华兹，该试验计划被行业与客户的联合团队尽可能地高效执行，因为他们致力于扩展飞行包

线和开发"猛禽"的真实潜力。从一开始，该机具有强大能力这点就非常明确，其超音速巡航性能（不开加力的持续超音速飞行）是一个重要力量。洛克希德·马丁公司首席试飞员保罗·梅斯在记录中指出："'猛禽'能够从甲板上以超音速起飞。在作战载荷或更低载荷时平飞加速在高海拔表现轻松，而加力全开的表现则令人震惊。驾驶'猛禽'在作战载荷下加速到马赫数1的感觉与驾驶F-15加力全开时的感觉差不多。"

隐身的"猛禽"被设计为当B-2和F-117由于自身相对于敌方战机的脆弱性只能在夜间作战而无能为力时，能穿透欧洲冷战时期的地对空导弹网并完成作战任务。更重要的是，"猛禽"在与战斗机的对抗及全天候作战中能够自保而不受伤害，其隐身特性使得其他战斗机在它面前没有"先敌发现，先敌开火"的优势。它的APG-77有源电子扫描阵列雷达设计有助于减少电子发射以避免暴露飞机的位置。此外，飞行员实际上可以将该雷达关闭，使用该飞机的ALR-94被动接收系统来跟踪目标，并使用战斗机数据链接收来自其他平台的信息，因此它基本上可以实现雷达静默攻击。其内部飞行数据链允许"猛禽"在其导弹射程外跟踪目标并将目标数据隐蔽地发送给与目标接近的另一架"猛

下图："猛禽"4005号机在爱德华兹的"热加油"场地进行引擎运行中的加油试验。"热加油"验证合格能够有助于克服因加油机能力不足而产生的对试验进度的影响。（空军飞行试验中心）

禽"，并由其对毫无防备的敌人发起毫无征兆的致命攻击。

尽管具有这些卓越的能力，但该飞机也已经引来了同样多的批评，争论该机是为根本不存在的任务而设想的，更别提高达每架1.3亿美元的价格了，还没把开发本成计算在内。然而，那些与该项目关系密切者则强调，它不会辜负其革命性的名字，并且它是美国在未来战场保持空中优势的一个重要工具。该机隐形特性、超音速巡航和先进的综合航空电子的组合使它在战场上对所有对手保持优势。可是，尽管通过试验已经在探究其性能的真实水平，但许多仍是高度机密。这使得美国空军很难对"猛禽"的成功喊得太响，尽管它希望确保在政治上支持该计划。由于美国国会通过的开支上限为368亿美元，到2004年

下图：在爱德华兹试验任务中的三架航电研发飞机之一，4005号"猛禽"飞越别具特色的红色欧文斯湖。（美国空军）

年初经修订，生产型飞机的采购数量从原计划648架缩减到224架。

实验计划初期的碰壁，包括由新的F119引擎造成的性能不足和减轻重量带来的试验机体强度下降等问题，导致飞行包线扩展工作被延误，直到"猛禽"03号试验机（4003）于2000年3月抵达——比计划晚了9个月。因9架工程试验机交付缓慢，进行低速初始生产的决定可能不会被国会通过。不过，终于在1999年，一个批次8架飞机被批准进行生产，它们被称为产品型验证机。因为订购了这批飞机，美国国防采办委员会为该计划设置了"可以接受的限度"的目标以使进度"回到正轨"。随着成功通过测试点，2001年8月第一批低速初始生产被批准，而下一批10架飞机也已下了订单。

到2002年6月7日，测试团队还有多达约2000小时的飞行试验没做，而洛克希德·马丁公司试验用机的生产与交付进度还严重落后。这引发的连锁效应使在爱德华兹进行的初使作战试验与评估的开始日期从2002年8月推迟到2004年4月29日，初始作战试验与评估由同在爱德华兹基地的第31测试与评估中队主导。一旦开始，这个阶段的试验将动用6架开发型F-22A进行188架次各种情况

上图：在一次飞行包线扩展任务中，一架F-15D"鹰"追逐着4002号"猛禽"。对"猛禽"飞行包线的测试是在高度和速度的很大范围内充分发挥机动性的测试。红色的结构是尾旋改出装置，能使飞机从失控状态恢复控制。（美国空军／空军飞行试验中心）

下的逼真模拟作战飞行，包括为B-2和F-117飞机的护航任务、与来自内利斯空军基地的F-16飞机进行空战，以及基本的空对面攻击能力验证。无论如何，随着已宣布的使用日期——不可更改的2005年12月——日益临近，初始作战试验与评估开始时的延迟导致整个试验日程被压缩。为实现目标，在作战试验开始后继续进行开发试验的决定被迫做出，因此爱德华兹的试验团队被集中在必要的测试点以开始进行作战试验。

空军所需的每一种新的武器系统在进入全速生产之前都必须通过正式评估。这种测试由独立机构——位于新墨西哥州柯特兰空军基地的空军作战试验

和评估中心进行监督。评估结果将被报告给国防部长办公室和国会。报告包含作战效能和武器系统适用性通过或失败的等级。初始试验与评估顺利完成，为后来2005年4月18日批准的全速生产铺平了道路，虽然空军仍在努力推动将该飞机的数量增加到其所需的381架，但美国国防部再次将该机的采购总量削减到大约180架。从初始试验与评估的摘要来看是肯定的，其结论简洁："地面防御无法与F-22A交战，没有敌人能够生存。"

脱开政治角力，美国空军快速发展了"猛禽"的全部能力，该战机已经向着多用途平台而不是单纯的空中优势平台发展，现在可以携带GBU-32联合直接攻击弹药，并于2002年9月17日由F-22更名为F-22A。在爱德华兹基地，作为保留在这里的试验项目的一部分，近年来为特定平台进行的武器试验呈现增长，而不是二次分配到其他更加传统的武器试验场。

上图：通过雷达波吸收结构与吸波涂层相结合的设计，实现了"猛禽"的低雷达散射截面。由于项目已经改进，"猛禽"的伪装方案因雷达吸波材料和产品光洁度标准的不同也已经发生了变化。在保持隐身方面电子辐射和热信号也扮演着重要角色。（空军飞行试验中心）

上图：不仅能够在高空进行超音速巡航，"猛禽"的普惠F119引擎还允许在开加力和矢量推力的情况下快速加速，赋予F-22A突出的全面性能。（美国空军）

下图：四架工程制造与研发阶段的F-22A飞机在莫哈韦沙漠上空编队飞行。2005年9月第411飞行试验中队"猛禽"联合试验部队工程制造与研发阶段的工作接近结束，早于2005年12月兰利空军基地的第1战斗机联队形成初始作战能力的时间。（美国空军／凯文·罗伯逊）

上图：除了其内部的武器舱，"猛禽"还可配备4个翼挂架，每个可携带1个2200升副油箱和2枚AIM-120先进中程空对空导弹，强大的负载能力令人咂舌。然而，外部挂载会大大降低"猛禽"的隐形性能，可能只会用于运送目的。（洛克希德·马丁公司）

下图：2005年帕纳明特靶场附近，一架由411飞行试验中队约翰·泰歇特少校驾驶的F-22A在超音速发射试验中，释放一枚重1000磅的GBU-32联合直接攻击弹药。（美国空军／达林·拉塞尔）

上图："猛禽"不像F-117和B-2那样为躲避截击机而仅限于夜间作战。初始作战试验与评估得出的结论是"地面防御无法与F-22A交战，没有敌人能够生存"。（美国空军）

左图：2000年7月25日，"猛禽"02号机发射首枚AIM-9"响尾蛇"导弹，开始了对从内部武器舱发射空对空导弹进行评估的武器分离试验。未来"猛禽"在装备AIM-9X导弹之前一直会使用AIM-9M导弹。（美国空军／贾德森·伯马）

左图："响尾蛇"导弹扩展发射包括边机动边发射。所有可以想象到的飞行状态都要试验。在这里"猛禽"02号机曾在4000英尺高空以26度的攻角发射导弹。2004年4月在爱德华兹基地，"猛禽"开始进行正式的初始作战试验与评估，在到内利斯空军基地进行作战试验与评估之前，对该机在各种作战任务条件下的战斗力、生存能力、可部署性和可维护性进行评估。（贾德森·伯马）

左图：模拟交战中执行针对"猛禽"的雷达干扰试验任务后，第416飞行试验中队两架装备ALQ-167雷达干扰吊舱的F-16飞机与F-22A飞机一起向爱德华兹基地返航。（空军飞行试验中心）

下图：除了部分关于引擎的工作，"鹰"式战机的试验不再在爱德华兹基地进行。爱德华兹基地以前的F-15飞机已经被转移到埃格林基地，由第40飞行试验中队用于所有的研发试验。图中，特洛伊·方丹中校和凯文·斯蒂芬森少校正在中国湖试验靶场一次投掷5枚联合直接攻击弹药，分别攻击5个预先计划好的独立目标。（空军飞行试验中心）

　　波尔少校解释说："有两种类型的武器发射试验，纯分离和负载试验，对于F-16飞机这些试验大部分转到埃格林空军基地进行。它们将携带一个新品牌的炸弹并确保飞机的负载不超过空军寻鹰办公室的限制要求。然后我们将得到它并控制航空电子设备的部分工作，确保机载计算机与炸弹配合正确以使其精确瞄准。对于F-16飞机，机身与负载及武器的分离试验转到埃林格空军基地进

上图：安放在杆头——第412试验联队总部由这些令人印象深刻的战机"守卫"：一架F-16B和一架F-86。（杰米·亨特/AVIACOM公司）

行，而主要的航空电子设备和引擎试验在爱德华兹基地进行。对于F-22A，就开发试验而言我们是唯一的参与者，我们在爱德华兹基地完成所有工作。内利斯空军基地的第442测试与评估中队进行后续试验与评估阶段，在这里的工程制造与研发工作结束后，'猛禽'将进入与其他型号飞机如F-16相同的改进周期。实际上，联合试验部队已经签约，我们用第2、6和8号'猛禽'进行负载极限扩展，用第7和9号机进行航空电子设备试验。"

像所有复杂的新型飞机一样，作战能力开发的道路被这个令人印象深刻的野兽的开发团队面临的挑战所困扰，但他们已赢得了自己的地位，作为一体化的全球打击特遣部队的一部分而运转，其未来是有保证的。这种螺旋式发展的现代化进程将确保飞机得到融合的武器和传感器，如小直径炸弹。"猛禽"不携带光电传感器或瞄准吊舱，而是依靠通过数据链从其他飞机传来的目标位置信息执行其对地攻击任务。该机的主要空对空武器是AIM-9M"响尾蛇"导弹和AIM-120C先进中程空对空导弹。武器通常携带于内部武器挂架，而具有里程碑意义的AIM-120C导弹首次试射于2000年10月24日完成。

它是从所有可以想象的方向进行60次试射计划中的第一次。在爱德华兹，当每一种情况下的发射已经顺利进行并几乎没有问题时才会写武器试验报告。AIM-120导弹显然是"猛禽"的主要武器，可以说是其飞行员不想进入必须进行近距离格斗的态势，而不是任何人质疑它在此环境中的实力——"猛禽"有这个资本。如前所述，"猛禽"的传感器融合使它具有静默作战和远程杀伤能力。因此，推迟集成联合头盔提示系统的决定对于飞行员来说不是主要的问题。

今天测试未来

驻爱德华兹的第412试验联队作战大队监管这里的所有试验。该大队由克里斯多佛·库克上校指挥，他说："我负责爱德华兹基地除国家航空航天局的试验行动以外所有作为试验的一部分而实施的飞行活动。在我管辖范围内还有两个分队：一个在柯特兰空军基地执行'大乌鸦'电子侦察机的相关任务，还有一个在罗宾斯空军基地飞C-5'银河'飞机（第418飞行试验中队的分队）。我管辖着10个飞行试验中队，包括第452中队和新的联合打击战斗机联合试验部队。在这里无人机开始占据更大的比例，在我管辖下的飞机大约有30种，具有丰富的多样性。按专业论，我是一名飞行试验领航员，在我来到这里的试飞员学校之前，我作为武器系统官飞作战的战略轰炸机，B-52和FB-111。起初美国空军让我为B-2指示目标，但我转到'黑暗世界'从事隐形巡航导弹的相关工作。后来我又飞B-2，成为为数不多的武器系统官之一。回溯到20世纪80年代，我第一次来到这儿，这里正在进行强劲的开发测试和作战试验。那时在试飞员学校，每当我们写完

第412试验联队空军装备司令部

驻爱德华兹空军基地的第412试验联队由下列试验中队组成：

第410飞行试验中队　　F-117A联合试验部队（帕姆代尔42号工厂）

第411飞行试验中队　　F-22A 联合试验部队

第412飞行试验中队　　"斑点鲑"飞机

第416飞行试验中队　　F-16/T-38联合试验部队

第418飞行试验中队　　重型飞机及MV-22联合试验部队

第419飞行试验中队　　轰炸机联合试验部队

第445飞行试验中队　　试验保障

第452飞行试验中队　　机载激光武器系统及无人机联合试验部队。在EI Mirage对"捕食者"无人机进行检测。

（第370飞行试验中队）　空军研究中心试验保障，并将于2006年组建联合攻击战斗机联合试验部队

一份包括系统作战方面的开发试验报告，我们都会击掌相庆。他们会说："不，难道它符合规范吗？请别告诉我们它在战斗中表现出色！'"

但在1988—1989年间事情有所改变，在业务方面的回顾进一步追溯到更久以前，以确保我们所做的开发是有益的。那样的工作还在继续进行，并且今天我们的所有试验部队都是联合试验部队。虽然我们的航线缺少变化，也不像以前那样有许多种飞机，但我们拥有的是一些真正有价值的资产，并且注重安全性和有效性，必须做到安全返回。

"依照全系统表现可靠性，我们接到过一些入手就要去飞的项目——那意味着承包商对性能负全责。由于在我们这里要求在展开试验之前必须对项目的所有内容进行审查，因此当这样的项目来到时就会产生冲突。"美国空军目前希望摆脱全系统性能责任这个概念。

"我们的试验靶场是国有资产，最近的基地重组与关闭强调了为使我们能够创建新技术这些基地需要怎样的管理和资源。伴随着高超音速飞行，在爱德华兹我们有许多令人兴奋的东西，并且这类试验需要辽阔的空域，因为它们的速度太快了。在大洋上空投射一次性使用的飞行器很很快就变得很昂贵，所以我们需要有航线并且用适当的仪器装备它们。那有着许多令人着迷的事情发生，而我们有责任做好准备测试这些新平台。还有什么是未知的吗？当然有。那里还有一个魔鬼，而我们必须小心翼翼地找出它的藏身之处同时不能被它伤害。这样的事前不久几乎发生。我们有一架F-22A，遭遇了其他飞机的尾流，其飞行控制系统中出现了非常高的增益从而导致非常剧烈的运动。软件发现了

下图：飞行天线试验平台C-135E飞机在战场信息网络和通信节点的研发和集成过程中扮演着重要角色。该机支持机载通信向新的指挥和控制网过渡和融合。图中看到的是作为美国空军研究实验室指挥、控制、通信、计算机和情报（C4I）的机载试验平台的C-135E飞机在爱德华兹基地。（杰米·亨特/AVIACOM公司）

一个大攻角的产生，之后进行了过度矫正，结果出现飞机了一个大的过载。随着飞机的速度越来越快，武器变得越来越小，做到这一点会更难。第一次海湾战争后，我们十分关注参加过战斗的人。大部分现在的试飞员都曾参加过战斗，而他们成为一名试飞员的原因是因为他们想让空军有更好的装备。在这里我们有许多机密的工作；某些技术是我们不愿透露的。"

这里最重要的单位之一是第445飞行试验中队，该中队以前被称为"试验行动"并且于2004年3月重新运转。为把试验保障机队纳入业务管理之下，该中队被重新激活以便为试飞员学校提供快速培训并将所有试验保障工作合并到

上图：位于帕尔代姆的第410飞行试验中队管理着3架早期的YF-117A"夜鹰"飞机。这些飞机积极参与了作战能力维持计划，以为未来引入新的能力。（洛克希德·马丁公司）

上图：美国空军洛克希德·马丁公司F-117A"夜鹰"联合试验部队是第410飞行试验中队，其基地位于帕姆代尔的美国空军42号工厂。随着2004年1月21日YF-117A（序号79-0784/ED）飞机在爱德华兹空军基地精确打击靶场投掷两种2000磅重的联合直接攻击弹药，新的GPS制导武器整合郑重开始。这次试验使用的联合直接攻击弹药型号是GBU-31(V)1/B和GBU-31(V)3/B。GBU-31(v)I/B基于Mk84炸弹，利用了其巨大的冲击波和爆炸力。GBU-31(V)3/B是BLU-109的衍生型号，常用于穿透坚固目标。这方面的工作是F-117 Block II项目的一部分。其软件升级部分，更新F-117飞机的作战飞行程序，以整合先进武器，包括增强型GBU-27(EGBU-27)、联合攻击弹药和风偏修正弹药布撒器。硬件升级部分，包括MIL-STD-1760兼容存储管理处理器。Block II软件升级计划于2005年8月完成测试。（空军飞行试验中心/波比·加西亚）

上图：在爱德华兹基地，第416飞行试验中队的F-16联合试验部队积极参与了该型飞机新武器的试验。（美国空军）

上图：2004年4月9日，第416飞行试验中队首次从一架F-16飞机上发射最新型号的AIM-9"响尾蛇"导弹。雷·托特少校和尼克·黑格上尉正在发射AIM-9X导弹。（空军飞行试验中心/汤姆·雷诺兹）

上图：作为庞大的美国空军F-16统一构型改进计划的一部分，第416飞行试验中队已经在不断地试验新的设备和软件。为F-16 Block 40/42型飞机实施的M4.1A+升级引入了Link-16数据链和联合头盔提示系统，以及500磅的GBU-38联合直接攻击弹药和洛克希德·马丁公司"狙击手"先进瞄准吊舱。这次升级的首要重点是空对地导弹，并且M4.1A+作战飞行程序软件也关联到新的火控计算机和彩色多功能显示器。（杰米·亨特 / AVIACOM公司）

一个中队。第445飞行试验中队是一个综合性的试验单位，最近积极参与了对澳大利亚皇家空军"楔尾"空中早期预警与控制型波音737飞机的支持，为新系统提供靶机。它还提供摄影追踪飞机，并拥有一架装有带仪表的伸缩套管和用于结冰实验的喷洒器的KC-135R加油机。2005年该中队使用一架装有空中射击目标系统的F-16飞机，以帮助以色列"和平大理石"计划中的F-16I飞机进行试验。

2005年第412试验联队的指挥官是约瑟夫·兰尼上校，一位经验极其丰富的美国空军试飞员，飞过70多种不同的飞机，飞行时间超过4300小时。以前还曾是爱德华兹F-22A联合试验部队的主

寻鹰

美国空军寻鹰办公室的存在是为了提高美国空军作战部队的作战能力。寻鹰项目办公室对所有内置或外挂的武器、油箱和吊舱的安全运输、使用、抛弃和安全逃生进行监督和认证，以及对弹道精度进行鉴定。

蛇毒

爱德华兹基地最大的联合试验部队之一是洛克希德·马丁公司F-16飞机的联合试验部队——第416飞行试验中队。迈克·普里斯纳尔上尉是第416中队的一名飞行测试工程师，他说："F-15飞机大部分的测试工作都转到埃格林基地了，在爱德华兹，我们现在主要是对F-16飞机进行测试。'M4.2+'作战飞行程序是我们中队最新的重点工作，而且根据'统一构型改进计划'，这是F-16 Block 50型飞机航空电子设备的最新标准。还有欧洲伙伴国空军中期寿命升级小组也在这儿工作，与我们一起飞行的有来自挪威、丹麦和荷兰的飞行员。中期寿命升级和'统一构型改进计划'的航空电子设备升级的终点相似，但它们是各自独立的工作。我们现在还运转着智利和以色列的计划，所以我们中队必须保持很高的安全水平。"

第416中队管理的智利空军的F-16飞机是"和平美洲狮计划"的一部分，涉及洛克希德·马丁公司F-16 Block 52M型飞机。在2005年，爱德华兹基地的试验部队奉命对用于交付的飞机进行准备，代表用户国家评估系统性能，并整合联合直接攻击弹药和"利坦宁Ⅱ"瞄准吊舱以及"怪蛇Ⅳ"导弹。"和平大理石Ⅴ"是以色列目前关于F-16I AF/DF飞机的计划，2005年在爱德华兹接近尾声。先进的F-16I飞机设备繁多，性能强大，在联合试验部队的指导下引进了彩色移动地图、联合直接攻击弹药、先进中程空对空导弹、夜间低空导航与红外寻的和"利坦宁Ⅱ"瞄准吊舱，并提高了在高作战总重下的机身性能。阿曼和波兰是另外的F-16飞机用户，在需要进行试验的新系统中使用了为阿曼用户定制的电子战套件。

管。1995年7月至1997年6月，兰尼上校还担任过秘密飞行试验中队的指挥官。在任职期间，兰尼上校首飞了两种高度保密的原型机。根据他的传记，其中一种是现在仍然保密的YF-24飞机。关于这个高度保密单位的细节是模糊不清的，但据了解是空军飞行试验中心位于内华达州保密的格罗姆湖基地的第3支队的一部分。该"秘密飞行试验中队"继续对一些当今全球最先进的航空航天技术进行绝密试验，它配备了美国空军最有经验的飞行员，飞一些最刺激和令人着迷的任务。

上图：一架Block 42型F-16CG飞机携带着风修正弹药撒布器、AIM-9X导弹和AIM-120先进中程空对空导弹等让人印象深刻的负载。（空军飞行试验中心）

空军作战试验和评估中心

空军作战试验和评估中心是美国空军的独立测试机构，负责测试新系统，通过独立规划、执行并形成作战评估报告来评估其性能是否符合美国空军的需求。从概念发展到系统使用，空军作战试验和评估中心提供关于战场环境中有效性、适用性及作战影响的专业知识。由于在越南战争期间美国部署在东南亚的装备有缺陷，美军于1974年1月1日在新墨西哥州柯特兰空军基地成立了空军作战试验和评估中心。研究表明，部署在该战区的22个主要系统中有21个在实

上图：这名416中队"毒蛇"飞机的试飞员坐在Block 40型F-16飞机里，佩戴着新型联合头盔提示系统。该头盔目前在产，并且用于美国的战斗机，允许飞行员通过盯着目标来提示传感器和武器，如AIM-9X导弹。（杰米·亨特／AVIACOM公司）

右图：位于爱德华兹的F-16联合试验部队使出浑身解数加速进行对重500磅的GBU-38联合直接攻击弹药的试验。开发和运行测试仅用了短短的30天，为Block 30型F-16飞机初步明确了新武器。同样的成就还体现在对F-16 Block 50型飞机的"利坦宁Ⅱ"瞄准吊舱的测试上，第416飞行试验中队在对M3.1B+软件进行升级验证任务中将计划六周的开发测试和评估工作压缩在三天半内完成。（杰米·亨特／AVIACOM公司）

上图：从一开始，联合打击战斗机就雄心勃勃，而爱德华兹基地在从雄心到现实的转变中扮演了重要角色。如果它不辜负期望，它将有望成为世界上最重要的作战飞机项目，拥有最新的科技并且对于世界各国来说都是买得起的作战飞机。即将于2006年到来的洛克希德·马丁公司F-35联合打击战斗机项目系统开发验证阶段，预示着一个新的重要试验计划的开始。（洛克希德·马丁公司）

战中出现重大缺陷。空军作战试验和评估中心被建立用于计划和实施实事求是的、客观的、公正的作战试验与评估，以确定空军各系统的作战效能和适用性以及其性能是否符合任务需要。

2005年，F-16联合试验部队深入参与了美国空军加速进行的为Block 50/52型F-16CJ战机升级ASQ-213高速反辐射导弹瞄准系统吊舱的R7"智能网络地理定位瞄准识别系统"项目。该项目预

计于2006年9月投入使用，在联合开发和作战试验中包含该中队两架飞机和南卡罗来纳州空军国民警卫队的F-16CJ飞机。该系统升级了对敌防空压制能力，允许F-16飞机通过"Link16"数据链与联网的若干高速反辐射导弹瞄准系统吊舱和更高精度的定位发射器共享数据，同时生成足够精度的目标坐标用于GPS制导弹药，如联合直接攻击弹药。

未来战斗机——联合打击战斗机

爱德华兹空军基地的一切都与联合打击战斗机项目有关，该项目采用新系统并测试每一个单独的组成部分。联合打击战斗机项目系统开发验证阶段开始

于2001年10月，当时洛克希德·马丁公司的F-35项目的设计在与波音公司的X-32项目的竞争中得到了批准，其中大部分在爱德华兹进行。竞争十分激烈，测试团队在爱德华兹、帕姆代尔和马里兰州帕塔克森特河海军航空站将洛克希德·马丁公司的F-35系列验证机发挥到了极限。该机目前计划生产常规起降型、舰载型（航母）和短距起飞垂直降落型等多种机型。后者是美国海军陆战队和英国的优先选项，目前也被美国空军所选择。该项目的性质和多国的参与意味着试验团队由风格各异的成员组成，包括来自伙伴国的若干项目飞行员

下图：在与波音公司的X-32飞机竞争期间，洛克希德·马丁公司的舰载型X-35C飞机在负责追踪拍照的F-16B飞机的陪伴下向爱德华兹基地返航。F-35C飞机旨在代替在美国海军服役的F/A-18C/D"大黄蜂"。（洛克希德·马丁公司）

上图：在保罗·史密斯中校的控制下，X-35A飞机进行空中加油能力验证，这是该机第10次试飞，由第412试验联队的NKC-135E加油机授油。（洛克希德·马丁公司）

和工程师。由于第一架F-35系统开发验证样机定于2006年首飞，测试团队已经在爱德华兹基地整装待发。系统开发验证阶段将在洛克希德·马丁公司沃思堡工厂初步看到由该公司建造的14个布满仪器的飞行试验样机。这将包括对5架美国空军常规型F-35A、4架短距起飞垂直降落型F-35B和5架美国海军（航母）用的F-35C进行安全性和有效性试验并对飞机进行验证。爱德华兹基地的联合打击战斗机联合试验部队计划于2006年9月接收其首架F-35A，并最终可能会多

下图：洛克希德·马丁公司建造了三架X-35概念验证机，其第一架X-35A在2000年10月24日完成了首飞，由洛克希德·马丁公司的试飞员汤姆·摩根菲尔德驾驶，从帕姆代尔飞到爱德华兹。（洛克希德·马丁公司）

达28架。在帕塔克森特河海军航空站大部分F-35C舰载型和F-35B短距起飞垂直降落型的部分试验工作将由美国海军和海军陆战队进行。

右图：2001年3月29日，丹尼斯·奥多诺霍驾驶波音公司的X-32B验证机进行首飞后降落在爱德华兹基地。从2001年3月7日开始，X-32B飞机已经在帕姆代尔进行了悬停坑井试验，以模拟在大气中的盘旋。随后飞机进入为期四个月的试验程序，以对波音公司短距起飞垂直降落的直接升力方式进行验证。在与洛克希德·马丁公司的竞争中，波音公司失去了"赢家通吃"的联合打击战斗机项目。（空军飞行试验中心）

下图：头碰头。两架联合打击战斗机的候选概念验证机，波音公司的X-32与洛克希德·马丁公司的X-35。根据系统开发与验证阶段合同规定，洛克希德·马丁公司联合打击战斗机在爱德华兹基地的试验在2006年恢复。（洛克希德·马丁公司）

上图：美国空军特种作战司令部的CV-22"鱼鹰"项目目前正在加利福尼亚州的爱德华兹空军基地进行开发测试，之后将进行初始作战试验与评估并于2006年进行作战效能评估。"鱼鹰"综合试验团队是第418飞行试验中队的一部分，国防合同管理司令部认可的CV-22飞机试飞员詹姆斯·唐纳德少校说："CV-22飞机对空军特种作战司令部是有利的，因为它综合了C-130飞机和MH-53'铺路爪'直升机的最佳性能。CV-22飞机的飞行距离是'铺路爪'的两倍，并且具有比C-130飞机更好的着陆性能。"CV-22飞机在爱德华兹进行的测试预计于2007年完成，届时试验行动将会转移到位于佛罗里达州的埃格林空军基地赫尔伯特机场以及新墨西哥州的柯特兰空军基地。（杰米·亨特 / AVIACOM公司）

左图：首架CV-22产品型验证机于2005年9月抵达爱德华兹基地，空军作战试验和评估中心及空军特种作战司令部将对该机进行测试并随后进行作战效能评估。第二架产品型验证机计划于2005年晚些时候在作战试验全面展开时抵达。在这之后，两架产品型验证机将转移到柯特兰空军基地以保障美国空军首个CV-22飞机训练中队。（空军飞行试验中心）

重型任务

　　驻爱德华兹的第418飞行试验中队为重型加油／运输机如C-130"大力神"和KC-135"同温层加油机"进行飞行测试。该中队还为美国空军特种作战司令部正在爱德华兹进行的CV-22"鱼鹰"飞机的测试工作提供保障。

上图：CV-22飞机特写。该机特别装备了执行渗透任务超低空贴地飞行时使用的多模式雷达、方向性红外干扰设备和一个可伸缩的空中加油探头。空军特种作战司令部希望在2009年接收50架具备初始作战能力的CV-22飞机。（杰米·亨特／AVIACOM公司）

下图：第418飞行试验中队保留了一架C-17A飞机用于开发测试和新系统的集成测试。C-17飞机是安装了诺斯罗普·格鲁曼公司新的大型飞机自我保护系统（大型飞机红外对抗系统）的首批平台之一。（空军飞行试验中心）

上图：算上目前正在认证的减载试验，洛克希德·马丁公司C-130J飞机已经完成了爱德华兹基地承担的大部分试验工作。这张飞机照片拍摄于贝尼菲尔德消声设施公司。（空军飞行试验中心）

左图：在电磁干扰和电磁兼容性能测试期间，一架波音公司的C-17A "环球霸王"飞机在爱德华兹基地贝尼菲尔德消声设施公司接受测试。（空军飞行试验中心）

上图：第418飞行试验中队于2005年开始利用一架MC-130E飞机为美国空军的C-130飞机航电现代化改造计划进行低风险飞行试验。这架MC-130E飞机是从第919特种作战联队借来的，试验将判定新型地形跟踪雷达的性能。波音公司牵头的航电现代化改造计划包括一个带有平视显示器的新型玻璃座舱。对这架MC-130E飞机来说，它还包括一个可容纳现代化多功能雷达的新型雷达罩和一种新型通信系统以符合全球空中交通管理的航空电子技术要求。（杰米·亨特／AVIACOM公司）

左图：全球能力的终极标志，一架属于第419飞行试验中队的由诺斯罗普·格鲁曼公司生产的B-2A"幽灵"轰炸机在爱德华兹执行试验任务期间，在犹他州希尔空军基地附近的试验靶场投掷多枚500磅GBU-38联合直接攻击弹药。（空军飞行试验中心）

上图：2004年12月，第419飞行试验中队执行来自爱德华兹基地的B-2A"幽灵"轰炸机Link-16数据链综合测试任务。增加的Link-16数据链允许战场信息在平台间及平台与地面部队间传输和共享。第419飞行试验中队的杰夫·沃姆卡少校说："自从'联军行动'以来，美国空军领导已经明确提出在座舱中显示实时信息的想法。虽然B-2A飞机是为在战线前方实施战略打击而设计，但Link-16数据链赋予指挥官在作战区域内的大规模地区冲突中使用B-2A轰炸机的能力。"（空军飞行试验中心／波比·加西亚）

轰炸机之乡

　　在美国的哪个地方能够看到全部三种战略轰炸机呢？当然是爱德华兹基地了。第419飞行试验中队是全球能力轰炸机的联合试验部队，它不仅飞B-1"枪骑兵"和B-2"幽灵"，还飞B-52"同温层堡垒"。卡尔·戴恩是这里的副指挥官，也是一名有着丰富经验的民用试飞工程师，他说："我们的联合试验部队有650人。有2架B-52H、2架B-1B和1架从驻在怀特曼空军基地的第509轰炸机联队永久租借的B-2A。我们的维修人员具有三种资格，可在所有这三种飞机上工作。我们还支持第31测试与评估中队的作战试验及空军作战试验和评估中心在我们飞机上进行的试验任务。我们的B-2轰炸机正处于维护保养阶段。我们为该机型升级雷达，并引入新的武器。最近我们已经完成Link-16数据链集成工作，目前正在对B-1和B-52飞机

上图：2005年10月，在爱德华兹基地执行试验任务后，第419飞行试验中队的一架B-2A"纽约幽灵"轰炸机正在着陆滑跑。（韦斯利·特纳）

上图：在常规弹药升级计划的后续阶段，爱德华兹基地的B-1B"枪骑兵"团队一直在进行AGM-154联合防区外武器和AGM-158联合空对面防区外攻击导弹的集成。图中看到的B-1轰炸机正在海军空战武器站中国湖靶场投掷联合空对面防区外攻击导弹分离试验用飞行器，该轰炸机具有独特的能力，能够在飞行中重新规划发射后的联合空对面防区外攻击导弹以及重新计划每一件独立武器的攻击路径。对联合防区外武器、联合空对面防区外攻击导弹和联合直接攻击弹药的兼容将使B-1能够在武器舱中混合携带弹药。（空军飞行试验中心）

需要引入的网络中心能力进行考察。"2005年，B-2飞机雷达升级改造团队的完工图纸通过了美国空军的审查并交付了首套升过级的试验雷达用于集成、测试和开发。诺斯罗普·格鲁曼公司是整个B-2项目的主要承包商，还主导着包括雷神公司——雷达系统的供应商在内的雷达升级团队。升级工作将把天线替换为有源电子扫描阵列天线。2005年7月，雷神公司交付了首部APQ-181有源电子扫描阵列雷达，用更快速更可靠的固态阵列替换了原有的机械扫描天线。这是在为整个B-2机队量产之前，先在作战的B-2飞机上安装的价值3.82亿美元的6部雷达之一。

"B-1轰炸机已经完成了常规弹药升级，现在正在获得软件升级和完全集成数据链，以及对小直径炸弹和外挂'狙击手'瞄准吊舱的适应性测试。B-52飞机也在安装'狙击手'瞄准吊舱，我们刚完成航电设备中期改进的软件阶段"。对于B-52飞机而言，还要担负电子攻击任务。B-52飞机这个令人尊敬的"丑胖子"安装上防区外干扰机

左图：B-52H正做好准备去扮演防区外干扰机的新角色。为这一新使命进行的试验在第419飞行试验中队的行动中发挥了重要作用，直到2006年被取消为止。（空军飞行试验中心）

后，或称之为EB-52型，对于驻爱德华兹的第419中队来说，未来几年它将在行动中发挥重要作用。

未来就在这里

可以说爱德华兹基地最具革命性和最令人兴奋的任务落在了第452飞行试验中队。中队长道格·贾奎什中校说："我在这里的任务是确保对无人机、'全球鹰'、'捕食者'和联合无人空战系统等进行的飞行试验和验证行动安全有效，这样我们就能够获得在该领域的新能力并了解这些新能力。我们也从该领域汲取思路并思索如何才能改善已

上图：B-52H正在获得使用新型武器和传感器的能力，这将使其成为一个强有力的战场支持平台。该照片拍摄于2005年，图中这架参与作战试验的B-52H飞机隶属于驻爱德华兹的第31测试与评估中队，可以看到它正在从内置武器舱投掷一枚联合直接攻击弹药。（空军飞行试验中心）

有的东西。这些系统通常不像其在生产状态下那样成熟，所以我们正在迎头赶上。我们有'全球鹰'和'捕食者'的发展蓝图，而且很多这样的蓝图都与初级形式的能力扩展有关系，我们把这称为先进概念技术验证。当我们想要开始生产时，我们必须采用这种性能并确保它是适合生产的。在当前环境中，我们在很大程度上依靠合同商的后勤支持，不过我们正在向实现自己进行维护保养而努力。关于'全球鹰'，我们正在测试生产型传感器套件，该一体化传感器套件来自供货商，而我们确保它们符合我们想在'全球鹰'上使用的集成标准。我们还为无人机寻求在国际空间作战的能力以及更多基础的操作特性，如与无人机飞行员一起进行的横风极限试验。我们还关注数字引擎控制，尝试提升'全球鹰'引擎的性能和增加实用升限。"

"至于MQ-1'捕食者'，我们为它增加新武器和传感器，虽然我们不在这里飞该型机，但从远程位置来使用爱德华兹基地和中国湖靶场。"进行预生产的通用原子公司的MQ-9A"捕食者B"，是原MQ-1"捕食者"的放大型，自2004年8月已经在战区被投入有限的作战使用。

下图：波音公司的YAL-1A机载激光武器系统是在爱德华兹进行的一个大项目。机载激光武器系统由一个高能氧碘化学激光器和运载它的经过改造的波音747-400F飞机组成。机载激光武器系统平台能够自主锁定并跟踪敌方在助推阶段飞行的弹道导弹，然后准确发射高能激光将其摧毁在发射区附近。（空军飞行试验中心）

MQ-9A无人机被当做中等高度上的"猎杀"平台来使用，计划到2006年3月投入正式作战使用，在携带已经确定的500磅GBU-38联合直接弹药及500磅GBU-12激光制导炸弹时，可使用4种作战模式。由于美国空军致力于打造两个专业中队以及一个MQ-9A/MQ-1混合单位共60架规模的无人机战队，除了其已有的6架样机外，美国空军已另外订购了13架MQ-9。

最令人兴奋的无人机计划之一是联合无人空战系统。这是一个国防高级研究计划局、美国空军和海军的联合成果，设计目标是"验证高性能、武器化

的无人机网络系统的技术可行性、军事效用和作战价值，以经济有效地继续承担21世纪的作战任务，包括在新兴的全球指挥与控制架构内压制敌对空防御、监视和精确打击。"联合无人空战系统结合了美国空军的无人作战飞机和海军的海军型无人作战飞机计划。后者以诺斯罗普·格鲁曼公司的X-47A为中心，该机已经在加利福尼亚州中国湖海军空战武器站进行了广泛的测试。在完成了64次飞行后，波音公司的X-45A形成了该计划的空军部分，其试飞项目于2005年8月在爱德华兹基地结束。在最后一次验证任务中，两架X-45A探测到

兹基地的国家航空航天局德莱顿飞行研究中心的认真监督下工作，此外还有第452飞行试验中队，成功验证了投掷GPS制导武器、多机作战以及在超视距飞行操控期间将飞行中的两架飞行器的操作控制转移到约900英里远的另外一个控制站。贾奎什中校这样评论："波音公司和诺斯罗普·格鲁曼公司开发联合无人空战系统的高级版本，他们正在研究国防高级研究计划局、美国空军和海军的需求集合，而我们正在为未来2-3年在这儿进行的飞行试验建设基础设施。从先前试验的结束到波音公司正在建造的新X-45C，我们将在这儿完成对新能力的验证任务。该通用操作系统将涉及两家制造商在一些相同软件上的合作，但这两家承包商正在寻求合作开发一个通用的系统。"除了波音公司的X-45C，诺斯罗普·格鲁曼公司正在开发X-47B，这二者将对不同的标准进行验证。验证的范围从低可观测性到海军要求的航母适用性，甚至包括自主空中加油。联合无人空战系统的建立为未来空战带来革命性改变，并且正如贾奎什中校所评论的，"F-35将是最后的有人驾驶战斗机"。

上图：两架RQ-4A"全球鹰"无人机停在爱德华兹基地南边的坡道上。诺斯罗普·格鲁曼公司预计在2006年年初让它的改进型RQ-4B"全球鹰"无人机飞上天。该新改型机增加了机身长度和翼展，在同等动力条件下可携带更多的传感器载荷，从而可以承担更广泛的任务。"全球鹰"项目现在已经被拆分为几组。原先的RQ-4A现在被称为"第10组"，与第20、30、40组一起变成了反映有效载荷配置的RQ-4B项目。（空军飞行试验中心）

了多个模拟的威胁，根据作战目标的优先次序重新规划了攻击，并进行了配合攻击。X-45A的团队在位于爱德华

该中队另一个重要项目是YAL-1A机载激光武器系统。这是一个承包商占

90%的团队，但美国空军在技术和安全点上始终保持敏锐的目光。"该项目退回到非活跃阶段并为准备安装激光装置进行了修改。我们将对修改进行验证，追踪并找到目标。该试验的终点是将于2008年进行的对运动目标射击。"随着该中队在美国空军革命性的新航空平台上取得进步并保持在飞行试验的最前沿，激动人心的时刻已清晰地在前方招手。

上图：在爱德华兹基地进行测试期间，一架早期的RQ-4A无人机进入降落航线。（空军飞行试验中心）

国家航空航天局德莱顿飞行研究中心

在爱德华兹，一些最具创新性和有趣的飞行研究是在位于这里的国家航空航天局德莱顿飞行研究中心的航线上进行的。德莱顿是国家航空航天局的航空飞行研究和大气飞行中心，研究先进的航空航天及相关技术。它还被用作航天飞机和在这里进行的用于轨道飞行器开发和操作设计理念及系统验证的众多项目的后备降落场。德莱顿的历史最早可以追溯到查尔斯·耶格尔驾驶贝尔公司X-1飞行，后来还有许多开拓性的项目如过去常用于测试数字飞行控制系统的F-16XL测试平台和在持续超音速飞行中改善飞机层流的项目。F-18"大黄蜂"大攻角研究飞行器一直飞到1996年

上图：联合无人空战系统中波音公司的X-45A团队在爱德华兹进行了广泛的飞行试验，包括把对飞机的控制从位于国家航空航天局德莱顿飞行研究中心的一名飞行员转移到位于波音公司西雅图工厂的另一名飞行员。Block 4软件的升级使无人机在协同飞行中当与多个目标交战时能够自主飞行。（空军飞行试验中心）

9月，验证了使用推力矢量轮叶时攻角在65°~70°之间的稳定飞行。

自国家航空航天局德莱顿飞行研究中心存在以来，一直在运转着怪异而又奇妙的特殊飞机，并在这个位于加利福尼亚州历史悠久的基地延续着先进飞行研究的传统。

下图：2004年年底，已成为爱德华兹飞行研究代名词的国家航空航天局漂亮的NB–52B"同温层堡垒"飞机最终退役，该机在早期的升力体测试、X–15项目和后来深入参与的X–43A高超音速冲压发动机等项目中发挥了重要作用。该架NB–52在1959年6月8日为执行空军任务首次到达爱德华兹基地，从1976年4月起被永久租借给国家航空航天局。该架NB–52作为"航空母机"发射X–15飞机共计199次，之后又在2004年11月16日用于X–43A速度达马赫数10的创纪录飞行试验。（空军飞行试验中心）

上图：国家航空航天局826号机是一架洛克希德·马丁公司的F–104"星"式战斗机，通过其机身下方用于测量飞行中温度、压力和空气流速的飞行测试夹具挂架可以辨认出来。它于1994年退役。（国家航空航天局）

上图：在音爆特性研究过程中，两架F–16XL研究机之一和一架国家航空航天局的SR–71A组成的特别编队——如今已黯然退役了。（国家航空航天局）

051

右图：国家航空航天局德莱顿飞行
研究中心运转着两架F-15"鹰"。
配备鸭翼的NF-15B（国家航空航
天局编号836），是智能飞行控制
系统项目的一部分。（国家航空航
天局）

上图：一架国家航空航天局的F/A-18B"大黄
蜂"摄影飞机正向爱德华兹主跑道滑跑。（杰
米·亨特 / AVIACOM公司）

下图：国家航空航天局新采购的B-52H接过了
退役的NB-52担负的试验任务。（杰米·亨特
/ AVIACOM公司）

第二章

埃格林的试飞者

砺剑

埃格林空军基地是位于佛罗里达州狭长地带阳光普照的墨西哥湾海岸的一处巨大设施，它附近分布着一些全美国风景最好的海滩和最流行的度假胜地。该基地在这里的起源可追溯到1931年，当时陆军航空兵战术学校发现了这片人烟稀少的森林地区和附近广袤无垠的墨西哥湾作为重炮和轰炸机靶场的潜力。

如今，埃格林基地是世界上最大的空军基地之一，拥有面积约724平方英里的专用地，并且在墨西哥湾试验靶场拥有延伸到大海的约123000平方英里的面积。埃格林基地是多样化发展的飞

右图：第40飞行试验中队一架呼号为"巨蟒"的洛克希德·马丁公司F-16B飞机，在埃格林附近的墨西哥湾靶场上空为拍照而急转弯。（杰米·亨特 / AVIACOM公司）

行试验的大本营，由驻扎在此的隶属于空军装备司令部的航空装备中心管理，负责所有空射武器的开发、采购、试验、部署和维持。第46试验联队是航空装备中心的一部分，拥有对第40飞行试验中队的指挥权，而第40飞行试验队飞多种机型，包括F-15C/D"鹰"、F-15E"攻击鹰"、F-16A/B/C/D"战隼"和新升级的A-10C"雷电"，以实现联队的任务目标。第40飞行试验中队的男女都是测试专家，大多数都毕业于爱德华兹的试飞员学校。2005年9月，时任该中队指挥官的格伦·格雷厄姆中校说："我负责监管这个美国空军最多样化的飞行试验中队的人员安排、业务规划，以及操作执行等各个方面。"

那里将一直是一个"凭直觉"进行

试飞的地方，相对于初期的试飞，现如今飞行的严格计划和准备工作，使试飞计划和机组人员的风险大大降低。目前，对于指定的试验，我们有更好的模型，可在试飞之前对我们认为会发生的情况进行评估。同时，通过现代化的仿真和更好的风险处理措施，我们的机组人员在执行测试任务时，不论是武器发射、震颤分析还是软件升级，对于试验结果将是什么以及取得这些结果必需的是什么，比他们60年代的前辈们有着更好的想法。

"我们最近为对外军售的F-16飞机进行的震颤和负载试验是非常昂贵的试验，需要非常复杂的试验仪器对给定机身的不同配置进行气动弹性特性和结构载荷的测量。"由于对外军售的F-16飞

右图：美国空军在东海岸的试飞总部埃格林基地，一架第40飞行试验中队的F-16B在跑道上空飞行。（杰米·亨特/AVIACOM公司）

机与美国空军的略有不同，如果我们的试验机身（或机身组件）破损，我们的计划就会被耽误，因为这些机身是唯一的。然而，通过与承包商和仪器仪表专家一道努力，把维修这些资产的优先级提高，我们已经能够解决这些问题。毫无疑问，模拟器变得越来越高级，但你仍需要飞上天空，在真正的飞机里完成试验。令人愉快的是，我们还得到一些有代表性的飞行试验项目。对我来说近来最突出的是有机会对海岸警卫队新型RU-38侦察机进行完整的飞行试验。只有极少数飞行员参与该项目，而在那架飞机上，我们几乎做了试飞员学校教过的所有类型的试验。"

刀锋

所有的新装备，无论多么小，在"开发试验"阶段都会由第40飞行试验中队在埃格林或爱德华兹进行极限试验。目前美国空军洛克希德·马丁公司F-16"战隼"部队最大的项目是庞大的统一构型改进计划，正在为650架Block 40/42/50/52型"毒蛇"飞机引进通用的硬件和软件。改进之处包括彩色座舱显示器、数据链、令人惊叹的联合头盔提示系统以及先进且超级敏捷的AIM-9X"响尾蛇"近距空对空导弹。

绰号"快乐"的道格·西摩尔上尉是第40飞行试验中队F-16飞机的首席试飞员。"我们的主要任务是进行武器试验并负责所有进入美国空军目录的常规武器的开发测试与评估。也就是说，我们还进行种类繁多的地面和空中试验。我们的F-15飞行试验负责为美国空军所有F-15A到D型、F-15E和A-10'雷电'飞机测试新的作战飞行程序软件，而且我们试验的大部分涉及负载兼容性飞行剖面试验和武器安全分离试验。"

"负载兼容性部分着眼于当携带新的测试物时飞机是否会遇到结构性问题，并且我们的震颤试验将研究由测试

下图：在一次F-16飞机试验任务中，作者与第40飞行试验中队的测试人员在一架来自埃格林基地的F-16飞机的座舱里。（杰米·亨特/AVIACOM公司）

上图：这是为巴基斯坦空军建造的F-16B战机中的一架，由于20世纪90年代的武器禁运而从未被交付。该机在被交给美国空军试飞界及美国海军用作"敌机"之前，在航空航天保养与再生中心储存多年。（杰米·亨特／AVIACOM公司）

上图：航空装备中心在行动——第40飞行试验中队一架F-16CG飞机实施了一轮联合直接攻击弹药试验。（美国空军／航空装备中心）

上图：发射，立即发射！一架有"ET"标志的F-15D飞机从翼根挂架发射一枚AIM-120先进中程空对空导弹。美国空军大量的导弹试验行动都从埃格林基地出发。（美国空军／航空装备中心）

上图：以典型的田园诗般的海滩为背景的照片中，一架第40飞行试验中队的F-16B向着降落跑道飞去。（杰米·亨特／AVIACOM公司）

下图：第40飞行试验中队对A–10战机进行开发测试。图中这架A–10正在发射一枚AGM–65"小牛"导弹。（美国空军／航空装备中心）

上图：对对外军售的F–16飞机设备进行的试验包括这架Block 40型F–16CG飞机上的保形油箱。该机还携带了两枚GBU–23激光制导炸弹以及挂在机头下方挂架上的"利坦宁"瞄准吊舱。（杰米·亨特／AVIACOM公司）

上图：一架F-16A飞机冲出埃格林基地前往附近的靶场上空执行任务。（杰米·亨特／AVIACOM公司）

项目产生的每一个气动弹性问题。进行兼容性飞行剖面试验的目的是确保测试项目不会因其被操作时的飞行状态而被损坏。在安全分离测试期间，我们要确保测试项目的释放不会对载机造成损害，以及在释放后它将按要求工作。当然，在所有试验期间我们将评估该项目对飞机的操纵品质产生的影响。最近我们已进行的其他试验项目有联合头盔提示系统和新的全景夜视镜等。我们为许多其他试验如F-22A'猛禽'以及'三叉戟'和'战斧'巡航导弹等项目提供伴随飞机保障。

"我们计划不久后在这里为F-16测试新的R7吊舱，确保它能够承受机动以便在飞行过程中接通。试验将包括收敛转弯（均匀的、正过载机动）、平稳推杆（均匀的、负过载机动）、过载滚转和负过载滚转，并且将为该吊舱进行超越飞行许可限制的飞行。此外，飞行员还将就携带该吊舱对飞机操纵品质的影响进行评估。"

随着F-15"鹰"的所有试验在爱德华兹基地的终止，驻埃格林基地的两个试验单位（第40飞行试验中队和第85测试与评估中队）和驻内利斯基地的第422测试与评估中队负责该型飞机的所有测试工作。为F-15E飞机升级5E套件主要涉及扩展"攻击鹰"的性能以在更多挂架上携带GPS制导武器。F-15E飞机还携带精确度惊人的"狙击手"吊舱，也是波音公司250磅小直径炸弹领先的集成平台。

2004年8月，第40飞行试验中队的一架F-15E飞机在来自埃格林基地的任务中首次投下GBU-39小直径炸弹，该中队实施的飞行测试是按照该型飞机将于2006年获得初始作战能力的计划而进行的。

在主要进行F-15E开发测试的同时，该中队还在A-10"雷电Ⅱ"项目中担负了类似的职责。该机被亲切地称为"疣猪"，是一款经常引起注意的飞机，在不断地证明自己的价值。第40飞行试验中队是增加精确打击能力以提高

上图：巡航在埃格林，"蟒蛇I"号飞行在查克托哈奇湾公路293号大桥上空，附近是德斯坦海滩度假村。（杰米·亨特 / AVIACOM公司）

下图：第40飞行试验中队的F-15E"攻击鹰"飞机正处于该型机开发的前沿。该中队的机组人员和维修人员努力测试最新的硬件和软件，为前线作好准备。（杰米·亨特 / AVIACOM公司）

"疣猪"近距离空中支援能力项目的核心。

精确交战系统将赋予升级后的A-10C一个新的数字存储管理系统、新的座舱显示器和态势感知数据链。随着著名的洛克希德·马丁公司的"狙击手"吊舱的引入，对于联合直接攻击弹药和风修正弹药撒布器的集成也已列入计划。

第40飞行试验中队也一直在对雷声公司AGM-65"小牛"空对地导弹的新型号进行评估。该新型号号称拥有四倍于目前版本的射程并将赋予飞行员使用GPS坐标进行武器瞄准的能力而不是目前的目视锁定。"小牛"发射后锁定的能力涉及为导弹安装GPS接收机和数据链。与数据链的接口在LAU-117导轨式挂架中。飞行员还将能够使用数据链上

的目标图像或允许类似配置的其他飞机控制导弹。更进一步的建议是为扩展射程的"小牛"导弹安装增压发动机以使其能够从100英里外对目标发动攻击。

上图：猛冲！第40飞行试验中队编号为"蟒蛇1"的F-16B正在进入垂直姿态。（杰米·亨特／AVIACOM公司）

下图：一架第40飞行试验中队的"毒蛇"飞机在埃格林基地上空展开良好的研究。该中队的F-16B飞机被广泛用于追踪和熟悉任务。（杰米·亨特／AVIACOM公司）

结构升级和增加推力的新TF34-100B
发动机也已列入计划，连同可能的机
翼改进，可以看到A-10将一直沿用到
2028年。

下图：由第40飞行试验中队运转的F-16是迄今
为止型号最多的飞机。2005年9月该架F-16B正
在基地南边的墨西哥湾试验靶场执行来自埃
格林基地的任务。（杰米·亨特 / AVIACOM
公司）

上图：在"利用差分全球定位系统增强制导"
项目中，第40飞行试验中队一架对GBU-15炸
弹进行试验的Block 50型F-16D飞机。"利用差
分全球定位系统增强制导"项目使用差分全球
定位系统的目标更新信息，通过地面站链接到
F-16飞机。（美国空军 / 航空装备中心来自地
面站的）

上图：来自第40飞行试验中队的一架携带
AGM-65"小牛"导弹的F-16A飞机准备从KC-
135R加油机接收燃料。（美国空军 / 杰里·莫
里森参谋军士）

上图：对联合防区外空对面巡航导弹进行试验性投掷。因在后续试验与评估中进行的两次实验都失败了，联合防区外空对面巡航导弹项目面临着被国会终止的命运，多亏第53联队成功完成了对该武器的实验而将其保留，并最终成为一种极其有效的武器。（美国空军 / 航空武器中心）

上图：简短的结尾——在乔克托哈奇湾海岸上空，呼号为"蟒蛇1号"的F—16B正飞向埃格林基地准备降落。（杰米·亨特 / AVIACOM公司）

上图：关于F-15E"攻击鹰"的开发测试大部分由第40飞行试验中队实施。该中队的主要项目是小直径炸弹，在开始于2003年、为期36个月的系统开发验证阶段，已经对波音公司250磅GBU-39精确制导武器实施了若干次投掷试验。这种武器的小尺寸将使其能被挂载于几乎所有武器平台上，包括F-15E、F-22A、F-35联合打击战斗机以及联合无人空战系统。（杰米·亨特／AVIACOM公司）

左图：在埃格林基地的跑道上，一架第40飞行试验中队的F-15D飞机等待着相关试验任务的机组人员。（杰米·亨特／AVIACOM公司）

上图：2005年1月20日首架经过升级的A-10C从埃格林基地起飞进行首航。（美国空军）

上图：GBU-15炸弹是基于2000磅的Mk84通用炸弹或BLU-109穿透型战斗部设计的。该炸弹能够使用直接攻击模式进行攻击，那意味着飞行员为炸弹锁定目标后，炸弹自引导飞向目标；或者使用间接攻击模式，此时武器系统官通过AXQ-14数据链吊舱主动引导炸弹飞向选定的目标。在这里看到的EGBU-15炸弹增加了GPS／惯性导航系统以实现全天候作战力并提高精度。（美国空军）

右图：A-10C的驾驶舱突出了新的多功能显示器和一台新的平视显示器。（凯文·杰克逊）

上图：第40飞行试验中队A-10C飞机作为一个加速整合试验项目的一部分，于试验任务后回埃格林基地降落，参与该项目的还有驻内利斯基地的第422测试与评估中队。注意安装在飞机上的红色测试设备和机鼻上的大号空速管。（美国空军）

星鸦

　　驻赫尔伯特基地的第413飞行试验中队是驻埃格林基地的第46试验联队的一部分，它负责空军特种作战司令部的开发试验与评估平台，如MC-130"大力神"、AC-130"大力神"空中炮艇机、MH-53"铺路爪"直升机和HH-60G直升机。第413飞行试验中队和第18飞行试验中队都驻在赫尔伯特。这里的机组人员属于该基地运转的空军特种作战司令部的各中队，并可根据需要使用空军特种作战司令部的飞机。第413中队1分队驻内利斯空军基地，负责HH-60G"铺路鹰"的开发测试。作为HH-60联合试验部队不可或缺的一员，1分队与3分队、第18飞行试验联队是合作伙伴，一同为空军特种作战司令部的"战斗搜寻与营救"任务提供全面的开发试验和作战试验。

左图：F-16战机。（杰米·亨特／AVIACOM公司）

上图：第40飞行试验中队运转着这架NC-130H"大力神"飞机。其兄弟单位第413飞行试验中队是特种作战试验单位，以前是第40飞行试验中队驻赫尔伯特基地的一个分队。（杰米·亨特／AVIACOM公司）

上图：第85测试与评估中队（"作战试验"）的Block 50型F-16飞机三架编队，在J. 托德·希克斯中校率领下执行来自埃格林基地的任务。图中近处的这架F-16D飞机，携带两枚AIM-9X导弹，其飞行员都使用了联合头盔提示系统。（杰米·亨特／AVIACOM公司）

第53联队

砺刃

　　无论是开发制空战术的F-22A"猛禽"、投掷新型炸弹的F-15E、开发最新型雷达毁伤技术的F-16、在暗夜里悄然发动攻击的B-2，还是作为无人靶机飞行的QF-4"鬼怪"，这些飞行任务在美国空军里有一个联队全都执行。第53联队实施实际作战试验，与第40飞行试验中队一样，其总部也设在埃格林。该联队是战术飞机在获准服役之前进行评估的重要单位，驾驶各种各样的飞机执行令人难以置信的多样化的飞行任务。该联队的作战试验飞行活动分散于美国若干个基地间，在霍洛曼空军基地有一个小分队飞F-117A，在迪埃斯空军基地飞B-1B，在巴克斯代尔空军基地飞B-52H，以及在怀特曼空军基地

飞B-2A。然而有两个特别的地方真正打上了该联队烙印——佛罗里达州墨西哥湾沿岸狭长地带的金色沙滩和内华达州赌城拉斯维加斯所在的严酷沙漠。第53联队在佛罗里达州的大本营位于埃格林空军基地，靠近华尔顿堡滩，一个位置绝佳的梦想驻地。沿着巴拿马城的海滩，廷德尔空军基地是另一个该联队的驻扎点，而穿过内华达州，赌城就在内

上图：在完成一场筋疲力尽的2对2基本机动动作测试任务后，J.托德·希克斯中校，第85测试与评估中队的指挥官操纵着"竞赛者1号"，从墨西哥湾靶场向埃格林基地返航。（杰米·亨特／AVIACOM公司）

下图：在埃格林基地附近的墨西哥湾试验靶场上空，绰号"骷髅"的第85测试与评估中队的F-16C/D飞机正向镜头外飞去。（杰米·亨特／AVIACOM公司）

利斯空军基地的背后。

　　第53联队中最突出的两个中队是驻埃格林基地的第85测试与评估中队和驻内利斯基地的第224测试与评估中队。J. 托德·希克斯中校2005年任绰号"骷髅"的第85测试与评估中队的指挥官，他说："我从1988年起就飞F-16，已经有2700小时飞行时间。我已经参与作战试验四年了。作为第85测试与评估中队的指挥官，我现在的工作是对F-16飞机在所有新软件、硬件和武器装备方面开展作战试验。"美国空军正在努力简化其开发试验和作战试验活动，旨在实现对作战需求的快速反应并尽可能快速有效地为前线提供新产品。新系统按惯例首先被送往加利福尼亚州爱德华兹空军基地的联合试验部队用于开发试验，或被送到位于埃格林基地的航空装备中心，总之，现在第53联队正在更早地参与到项目中。希克斯中校还说："目前开发试验和作战试验正在进行大的合并。我们正在简化流程并尝试缩短时间（以及降低成本）。过去，第416飞行试验中队（驻爱德华兹基地的F-16联合试验部队）将会进行完整的开发试验并交给我们一个真实可靠的产品。然后我们使用那个产品进行作战试验。现在，他们能够在进行完飞行安全性试验之后，就把飞机交给我们两家进行联合试验。"

　　第85测试与评估中队的作战参谋、绰号"核潜艇"的山姆·山尼菲尔特中校说："从本质上讲，隔壁的第40飞行试验中队担负F-16飞机所装备的几乎全部软件和部分硬件开发的初始性工作。"他说："承包商为空军或对外军售提供的东西是否符合相关规范要求，像广告所说的以简单的方式并在非常受控的环境中工作？我们接过他们做完的东西，并问'它能用来打仗吗？'因此我们用这些装备与对手或面对空和空对空威胁进行对抗，并拼出一条血路，回来后对

下图："对手在右方90度位置"。在埃格林基地附近的墨西哥湾试验靶场上空，第85测试与评估中队的两架用于进行2对2模拟空战的F-16CJ飞机。（杰米·亨特／AVIACOM公司）

我们是否该装备这些东西提出建议。"

"骷髅"中队深入参与了最大的升级项目，美国空军对F-16的升级。统一构型改进计划从本质上带来了F-16C/DBlock 40型和Block 50型的统一标准。然而，当成为一个真正的多用途平台时，具有寻歼敌方地空导弹或反防空系统能力的Block 50/52型F-16CJ将保持优势。2005年"骷髅"中队完成了M4.2+核心航空电子系统套件的作战试验，以允许"狙击手"先进瞄准吊舱和F-16CJ的ASQ-213高速反辐射导弹瞄准系统联合挂架的使用。希克斯中校这样评价："这就是我们一直在等待的F-16。经过20多年的改进，它能够执行所有的战术作战任务，范围从以精确打击压制敌方防空到夺取空中优势。当我第一次开始飞F-16时，我们所具有的是自由下落炸弹和有限的空对空能力。经过20多年的改进，它能够执行所有战术作战任务，

上图：眼神能致命——经验丰富的F-16飞行员戴维·卢汉中校，第86战斗机武器中队的指挥官，佩戴着联合头盔提示系统，操纵一架第85测试与评估中队的F-16DJ飞机。该高精度提示系统为飞行员提供"先发现，先开火"的高离轴武器交战能力。联合头盔提示系统使飞行员能在高过载机动中为武器和传感器对抗空中和地面目标提供精确的制导和指示。（杰米·亨特／AVIACOM公司）

上图：在对Block 50/52型飞机的M4.2+航空电子设备套件进行联合开发与作战试验期间，第85测试与评估中队的指挥官J.托德·希克斯中校率领一队埃格林基地和爱德华兹基地的F-16飞行，这些飞机上使用了用于"狙击手"先进瞄准吊舱和ASQ-213高速反辐射导弹瞄准系统的两用挂架。（美国空军／汤姆·雷诺兹）

本图：埃格林基地繁忙的试飞跑道。前景中的F-16CJ携带了洛克希德·马丁公司新型"狙击手"先进瞄准吊舱。这种新吊舱不仅提升了对地面目标的识别，还是一种对地空目标都能进行正确识别的工具。（杰米·亨特／AVIACOM公司）

左图：2005年9月，在执行埃格林基地的任务期间，从一架第85测试与评估中队的F-16D后座看到的景象。（杰米·亨特／AVIACOM公司）

上图：第85测试与评估中队及其相关单位都深入参与了新武器的作战试验。从一架F-16D后座看到的景象显示，在试验靶场上空，一枚高速反辐射导弹正在被发射。高速反辐射导弹是一种空对面导弹，被设计用于探测并摧毁敌方装备有雷达的防空系统。（美国空军／技术军士 迈克尔·安蒙斯）

上图：雷神公司的新型"高速反辐射导弹摧毁敌方防空攻击模式"项目开始于2005年，是对现有标准导弹的升级。美国空军延续了该项目而不是跟随美国海军的AGM-88E先进反辐射导弹项目。"高速反辐射导弹摧毁敌方防空攻击模式"项目与ASQ-213升级版高速反辐射导弹瞄准系统吊舱的开发和作战试验同步进行。R7"智能网络地理定位瞄准识别系统"项目的开发试验由驻爱德华兹的第416飞行试验中队实施，同时对在机头下左右挂架同时挂载R7系统、左挂架挂载R7系统而右挂架挂载"狙击手"吊舱等方式的飞行适用性试验由驻埃格林的第40飞行试验中队实施。预计R7"智能网络地理定位瞄准识别系统"于2006年9月服役，将使高速反辐射导弹瞄准系统能够接受外部传感器的信息，允许更加精确地发射。（美国空军／技术军士 迈克尔·安蒙斯）

范围从以精确打击压制敌防空到夺取制空权。"

第85中队与其兄弟单位，驻内利斯基地绰号"绿蝙蝠"的第422测试与评估中队，分享对F-16飞机的测试工作。两个中队间的任务分工经过了精心策划，但本质上驻内利斯的"毒蛇"团队处理Block 40/42型的相关工作，"骷髅"中队则负责Block 50/52型。除了F-16外，该中队还支持第40飞行试验中队对F-15C/D"鹰"和F-15E"打击鹰"进行作战试验，这些试验也由"绿蝙蝠"在内利斯基地周围实施。有一点是明确的，即在最不可思议的环境中工作及其所带来的难以描绘的压力和紧张，埃格林基地"骷髅"中队的任务对人员和飞机提出了极高的要求。希克斯中校这样描述最近的一个压力很大的任务："最近我在飞一个空对空导弹实弹射击前的彩排任务。彩排任务就是所有参与者模拟发射一枚导弹实弹，目的是为了发现在实弹发射过程中可能遇到的所有问题。为了这个特殊的任务，一架全尺寸的QF-4遥控无人机按计划好的剖面飞行。地面控制拦截系统协助我和

左图："骷髅"的地盘——第85测试与评估中队进行作战试验的F-15C、F-15E和F-16C三机编队从典型的佛罗里达景色中飞过。（美国空军）

QF-4进入模拟导弹的发射范围，在那里我模拟发射导弹。随着彩排的成功，我们做好了发射实弹的准备。"

联队起源

第53联队的起源可追溯到1961年，那时美国陆军打算抛开美国空军而实施近距离空中支援和战术空运任务。1963年9月16日战术空军司令部在埃格林基地成立了第4475战术空战大队，来筹划美国陆军和空军联合试飞，后来成为战术空战中心，其职责是发展战术航空支援地面部队。

上图：一架飞向靶场执行基本战斗机飞行动作训练任务的第85测试与评估中队的F-15C，正在飞越埃格林基地附近的德斯坦村。（美国空军／技术军士 迈克尔·安蒙斯）

右图：安东尼·墨菲中校，2004年第85测试与评估中队的指挥官，驾驶一架F-15C准备出动（呼号"Mozam 01"）。他佩戴了联合头盔提示系统，而"鹰"式飞机携带了最新的AIM-9X"响尾蛇"空对空导弹。头盔和导弹已经通过高离轴寻的器进行了整合。这使飞行员得以通过护目镜显示器为导弹提供信息。（杰米·亨特／AVIACOM公司）

上图：第85测试与评估中队的兄弟单位，第422测试与评估中队的一架部署在内利斯基地的F-15E"打击鹰"，配备有1枚AIM-120先进中程空对空导弹，在埃格林基地附近的海岸上空飞行。（美国空军／技术军士 迈克尔·安蒙斯）

在越南，该联队带着一些有灵感的项目一马当先，如"铺路钉"，一个精确发现并摧毁目标的项目。这是我们今

上图："骷髅"中队的F-16飞机穿行在墨西哥湾美丽的晚霞中。埃格林基地周围的地区风景如画，除了少有的一些恶劣天气外，大部分都如田园诗一般。（杰米·亨特 / AVIACOM公司）

天看到的精确战争的开始，该项目包括一个装在OV-10"野马"飞机机身上带有无线电导航的吊舱系统和一个为激光制导炸弹指示目标用的激光指示器。到1972年，战术作战中心积极参与了开发试验与评估和作战试验与评估，并成为美国空军的一个重要节点。增加的空对空"武器系统评估计划"标志着它在确定装备有效性和在增加机组人员培训重点的派出作战能力评估中开始发挥作用。

当"红旗"演习开始后，现实的结果是战斗力的最大损失发生在飞行员首次执行的8~10个任务期间。战术空战中

下图：在内利斯靶场上空，为同驻埃格林基地的第28测试中队进行试验期间，第85测试与评估中队的迈克尔·厄普夫内少校从他驾驶的F-16CJ飞机上释放一枚CBU-103风修正弹药撒布器。（美国空军 / 技术军士 迈克尔·安蒙斯）

上图：傍晚的阳光洒在执行完任务后返航的标有"OT"标志的F-16机身上。（杰米·亨特／AVIACOM公司）

"我们攻守兼备"

　　第53武器评估大队，驻在佛罗里达州廷德尔空军基地，由5个中队和2个分队组成，分别是：驻廷德尔的第53试验保障中队、第81靶场控制中队、第82航空靶标中队、第83战斗机武器中队以及驻埃格林的第86战斗机武器中队，而第82航空靶标中队1分队驻在新墨西哥州霍洛曼空军基地，第86战斗机武器中队驻在犹他州希尔空军基地。该武器评估大队负责空对空武器系统评估计划，也被称为"战弓"计划。该大队还负责空对地武器系统评估计划，也被称为"战锤"计划。它还为墨西哥湾靶场和新墨西哥州的白沙导弹靶场提供QF-4"鬼怪"和更小的遥控无人机作为航空靶标。

第53测试与评估大队

　　该大队由分布在美国17个基地中的多个中队组成，包括驻埃格林的第85测试与评估中队、驻爱德华兹的第31测试与评估中队、驻内利斯的第422测试与评估中队、驻怀特曼的第72测试与评估中队、驻迪埃斯的第337测试与评估中队、驻图森的空军国民警卫队／空军预备役部队，以及驻巴克斯代尔的第49试验中队，此外还有驻霍洛曼、卢克等基地的分队。它执行作战测试与评估、战术开发、项目评估任务，管理着从空军作战司令部分配来的全部翼飞行活动。驻内利斯的第59测试与评估中队是第53测试管理大队的一部分，管理着F-22A、F-15C/D、F-15E、F-16和A-10战机武器和航空电子的力量发展评估和战术发展与评估。

第53测试管理大队

　　该大队驻地位于埃格林空军基地，主要负责对第53测试与评估大队、第53电子战大队和第53武器评估大队实施的试验规划和管理进行监督。第53测试管理大队由5个单位组成：第53计算机系统中队、第28试验中队、第29培训系统中队、第59测试与评估中队和作战飞行程序联合试验部队。

心承担了"蓝旗"演习，以培训战斗人员并增强指挥官、参谋人员及其所辖部队之间的凝聚力。

1991年10月1日，战术空战中心被重组为空战中心，后又被分配到新成立的空军作战司令部，并按"一个基地、一个上级、一套指挥"的原则发展。到1995年10月，美国空军将待用的第53战斗机联队与空战中心合并，这样第53联队诞生了。

上图：希克斯中校率领着来自作战测试与评估中队——第85"骷髅"测试与评估中队的同事们所驾驶的F-16飞机。（杰米·亨特 / AVIACOM公司）

下图：J. 托德·希克斯中校和戴维·卢汉中校在一架第85测试与评估中队的F-16CJ飞机前合影。（杰米·亨特 / AVIACOM公司）

上图：在埃格林基地的跑道上，一架"骷髅"中队的F-16CJ为执行任务做好了出动准备。（杰米·亨特 / AVIACOM公司）

上图：Block 50型F-16C/D由通用电气公司的F110-GE-129引擎推动。该机还携带了两枚雷声公司先进的AIM-9X"响尾蛇"导弹。（杰米·亨特 / AVIACOM公司）

武器专家

戴维·卢汉中校是第86战斗机武器中队的指挥官，该中队是第53联队的一部分，武器评估大队总部设在埃格林基地。"我们评估已装备的和即将装备的精确制导武器的性能。只要出现这样的武器，我们就评估它。我们中队的

龙的巢穴

　　在新墨西哥州霍洛曼空军基地，第53测试与评估大队1分队在对洛克希德·马丁公司F-117A"夜鹰"的作战试验中扮演了重要角色。2003年，该分队利用一架用于试验的灰色涂装绰号"龙"的F-117进行测试，以确定该型机是否可以在日间执行作战行动。凯文·沙利文中校当时是第53测试与评估大队1分队的指挥官，他回忆，该机每天起飞执行两个试验任务。1分队的作战参谋巴克·罗杰斯中校说："总参谋长希望在未来战场上达到24小时隐形存在。我们知道我们目前所用的黑色涂装不适合日间作战。"特尔·乌尔索少校说："我们用F-117做从新战术开发到新软件或硬件评估的所有事情。1分队参与了F-117历年来所有的修改和升级。这项试验给我们提供了一个机会去了解我们日间作战能力与局限性。它还帮助我们评估新涂料如何才能经久耐用，并让我们估量颜色修改给维护该飞机的部队带来的影响。关键是，我们需要确保为领导人提供关于日间作战行动和灰色涂装计划的成本和收益的准确评估。"

上图：在霍洛曼基地的"峡谷"里，"龙"是一架第53测试与评估大队1分队的灰色涂装的F-117A飞机，用于该型号飞机的作战试验。（杰米·亨特／AVIACOM公司）

每一件事都别有趣味，我们有F-16、F-117、F-15的飞行员，我个人飞F-16已经19年了，有3500小时飞行时间。我是内利斯基地武器学校的一名讲师，而现在我作为指挥官的责任是带领我的团队完成空对地武器系统评估计划，该计划也被称为'战锤'。我们基本上能给美国空军领导层一个关于精确制导武器

性能的准确预期。在美国空军中，我们是唯一以典型作战方法使用所有精确制导武器并对效果进行逆向工程的组织。很快，'战锤'将是美国空军机组人员在和平时期可以使用远程武器如联合防区外武器、联合空对面防区外攻击导弹和小直径炸弹的唯一地方。由于我们大部分工作都部署在希尔基地，所以我们有一个分队就驻在希尔空军基地。对真家伙进行建造、装载、使用和分析，那里简直是无可替代的。最近我驾驶F-16为一架投掷庞大的GPS制导武器的

B-2执行伴随任务。B-2飞在45000英尺高空，速度很慢。最具挑战性的部分是在那样的高度与这架轰炸机待在一起；由于B-2的形状根本没有什么角度和轮廓，所以伴随这个大家伙飞行不是容易的事。当它发射武器之后，我们一路追逐该武器直到它砸在犹他州试验与训练靶场里。"

"犀牛"飞行队

驻廷德尔的第82航空靶标中队是美国国内使用强大的麦道公司F-4"鬼

下图：第82航空靶标中队在佛罗里达州巴拿马城附近的廷德尔空军基地操纵QF-4"鬼怪"飞机。该中队为许多任务提供保障，而最近几年它有六架喷涂着代表F-4飞机在美国空军服役年数的特别涂装的QF-4E飞机。从该图可看到，在巴拿马城海岸上空，杰瑞·科尔比中校率领两架从廷德尔基地起飞的"古董"QF-4E飞机。（杰米·亨特 / AVIACOM公司）

怪"飞机的最后一个单位，尽管作为全尺寸航空靶标，QF-4标准型与驻霍洛曼基地、由"金枪鱼"查理·汉林中校领导的该中队第1分队一道承担着重要的测试任务。这些是在美国国内所使用的最后一批"鬼怪"飞机，前线使用的最后一批F-4G飞机已于1996年退役。虽然大部分都是被轮流进行维护和保管，只有极少数用于执行不定时的有人驾驶飞行任务，但通常第82航空靶标中队的实力以约45架改造过的QF-4"鬼怪"飞机来计算。此外，还有一批QF-4飞机专

下图：第82航空靶标中队的QF-4飞机为测试新导弹飞行任务剖面。该机也能够进行无人驾驶飞行用于实弹射击，以对新武器的杀伤力进行最终测试。（杰米·亨特／AVIACOM公司）

门用于打靶并因此准备执行无人驾驶任务。

第82航空靶标中队"靶标小队"是第53武器评估大队的一部分，深入参与了"战弓"计划，并为美国空军埃格林基地附近的墨西哥湾靶场和霍洛曼基地附近的白沙导弹靶场提供所有的航空靶标。这些飞机大约90%的飞行任务是由洛克希德·马丁公司的承包商和美国空军的飞行员在墨西哥湾靶场上空执行，用于导弹和雷达试验。一个F-4飞行员小组不停地为本地试验单位忙碌，进行有人驾驶机动剖面飞行演练，从相对无危险到当导弹的包络线扩大到跟踪F-4时的全力"旋转和刺激"。这必然以无人驾驶的F-4执行靶标任务和导弹实弹射击为结束。对于无人（或称为非本地实时操纵）驾驶任务，QF-4飞机使用廷德尔基地的"无人机之路"，一条位于主基地南部的偏僻跑道，专门用于QF-4的行动。该中队还操纵两架E-9A海洋监视飞机来扫描靶场并标示船舶在靶场中的位置。该中队还使用BQM-134无人子机和即将退役的MQM-107无人机，同时它是美国空军唯一拥有船只实力的中队，这些船只被配置在墨西哥湾，以检查无人子机是否被击落。

2005年在杰瑞·科尔比中校的指挥

下，第82航空靶标中队一直忙于保障美国空军在环美国飞行表演中的"古董飞行"，所用的六架QF-4E飞机喷有象征美国空军F-4飞机服役40年的纪念涂装。科尔比中校说："我们对曾经驾驶和为这些飞机工作过的人们表示敬意。那就是我们喷涂这些纪念涂装的原因，把它们带回到以前的样子，这样他们就能够再次看到它们回归空中。来的每个人都会给你讲自己的故事。他们要么曾为它们而工作，要么曾驾驶它们。F-4是如此的普及，它有无数的骄傲。"

上图：一架使用传统的"埃及一号"颜色的第82航空靶标中队的QF-4E在廷德尔基地上空巡航。（杰米·亨特／AVIACOM公司）

上图：喷涂着机身为双色调绿色、机腹为浅灰色的东南亚亚光涂装的编号为72-1490的QF-4E飞机，具有第82航空靶标中队标准的"TD"尾码标志，同时具有原先第82战斗机中队黑白相间的垂尾识别带。在"犀牛2"计划中该机由杰瑞·科尔比中校带领安东尼·墨菲中校飞到这里。2005年墨菲中校任第53武器评估大队的副指挥官。（杰米·亨特／AVIACOM公司）

上图：2005年9月，在一次任务后，科尔比中校在"欧洲一号"涂装的QF-4E飞机的座舱中。（杰米·亨特 / AVIACOM公司）

上图：两架从墨西哥湾靶场执行任务后返航的"古董"QF-4E飞机停在廷德尔基地第82航空靶标中队的跑道上。背景中灰红相间的QF-4E身披标准的QF-4作战涂装。在洛克希德·马丁公司承包商专门地面技术人员的维护下，这些珍贵的喷气机保持了一流的工作状态。（杰米·亨特 / AVIACOM公司）

下图："埃及一号"双色调灰色的QF-4E（74-1652）由洛克希德·马丁公司经验丰富的飞行员萨尔·博纳卡萨驾驶，他退役前在驻加利福尼亚州乔治空军基地的第35战术战斗机联队服役。（杰米·亨特 / AVIACOM公司）

走向未来

显然，驻埃格林基地及其兄弟基地的试验团队们为美国空军歼击轰炸机机队进行的各种试验项目将与以往一样繁忙。源源不断的项目和升级已经被认为不仅在开发试验单位与作战试验单位之间，还有平台与指挥官之间都有必要增进了解。实际上，从2005年起在内华达州内利斯空军基地举行"试验之旗"演习的计划正在酝酿中，主要是发展战术及巩固对技

术的认识。这一重要演习可以被设计为开发对时间敏感目标和压制敌对空防御的战术，增强联合空战中心的功能，通过更多的使用数据链和其他通信手段来获取指挥中心的决定，减少信息从传感器到武器发射者之间传递所用的时间。埃格林基地的试验人员为前线中队开辟道路，在其原先基础上努力创新并使之成为作战人员的一个可用的和高效的资产。

右图："犀牛散开"——第82航空靶标中队的"古董"QF-4E飞机（无线电呼号"犀牛"）。（杰米·亨特／AVIACOM公司）

左图：佛罗里达州的长银链海滩上空，两架QF-4E向廷德尔基地返航。（杰米·亨特／AVIACOM公司）

第三章

内利斯勇士

"绿蝙蝠"之家

你在拉斯维加斯最能够获得的最大快感是什么？是二十一点牌桌上的胜利之手？是在位于"平流层"酒店大楼的"大腕"娱乐场里游玩？是在大峡谷上空飞行？还是驾驶全球最先进的超级战机？对于驻内利斯空军基地的第422测试与评估中队的飞行员而言，后者是家常便饭。内利斯空军基地一直被称为"战斗机飞行员之家"，而且有很好的理由。这个大型基地及其位于拉斯维加斯北部荒凉沙漠中相关的靶场，是"红旗"演习的主办场地。机组人员和技术保障团队来到这里，在逼真的战斗场景学习中怎样运用他们的战机。绰号"绿蝙蝠"的第422测试与评估中队是第53联队的一部分，与驻埃格林基地绰号

"骷髅"的第85测试与评估中队是兄弟中队，负责来自内利斯基地各种各样的作战测试与评估。

每天，第422测试与评估中队在繁忙的"红旗"演习计划中执行几波任务，在内利斯靶场上空将新设备推到

下图："绿蝙蝠"在行动。第422测试与评估中队的两架F-22A"猛禽"带着一架F-15E执行来自内利斯基地的任务。（胜彦德永）

极限，看看它对于飞行员而言是否适合上前线。指挥官杰夫·威德中校解释说："在空军作战司令部，我们战斗机中队最大，拥有5种类型的飞机和70名机组人员，他们中的大多数都毕业于内利斯的武器学校。我们创新、试验和教学——在这里我们具备的能力在该领域中领先5年。在内利斯，我们的工作包括分析什么能用什么不能用，我们尝试新战术，尝试事物不同的方法，使用新设备执行实际任务。对于新产品，我们的行为像终点线的黑白格旗，当我们的工作完成了，它就可以上前线了。我们也到中队去，教授新系统的技术，实际上我们最近去了莱肯希思，为第48

下图：第422测试中队的臂章与基地标识。
（杰米·亨特/AVIACOM公司）

下图：一架F-15E"攻击鹰"发射诱饵弹。
"绿蝙蝠"第422测试与评估中队对F-15E和F-15C飞机进行作战评估。（杰米·亨特/AVIACOM公司）

飞行联队传授对F-15E飞机上一种新雷达的改造。我们与同驻一地的第59测试与评估中队（隶属于第53测试与管理大队），他们计划、报告和管理我们在这里的工作。从领导层的视角来看，这里是库存的所有类型战斗机都可以飞并可进行相互对抗的仅有地点之一。飞F-15E的伙计们可以看到F-22A'猛禽'的能耐，这样我们都能看出什么是可以做到的。我们有最称职的人员，确保我们获得'最佳收益'。我们能够响应要求进行快速测试。GBU-38 500磅联合直接攻击弹药就是一个很好的例子。我们用F-15E和F-16飞机完成对这款武器的测试，只用了不到1个月时间，这多亏了开发试验与作战试验的联合实施。"

下图：一架第422测试与评估中队俗称"疣猪"的A-10"雷电"飞机。该中队为这架坚固耐用的飞机进行联合开发与作战测试。（杰米·亨特/AVIACOM公司）

左图：在内利斯基地第422测试与评估中队的跑道上，一架F-22A"猛禽"准备执行作战评估任务。（杰米·亨特/AVIACOM公司）

"暗夜极光"

在内利斯的跑道上，最卓越的重兵器就是第422测试与评估中队的洛克希德·马丁公司的F-22A"猛禽"飞机。起初，2003年1月14日"猛禽"被交付给内利斯的"绿蝙蝠"中队，开始了该型战机的作战试验，很快又有6架到来并一起用于制定"猛禽"的战术、技术和作战程序。在作战机队应用那些改进

下图："猛禽"近照。（杰米·亨特／AVIACOM公司）

之前，第422测试与评估中队正在对每一个计划好的改进进行试验。在2005年年底，该中队积极参与了该型战机的后续作战试验与评估，及其使用联合直接攻击弹药的超音速飞行许可，而美国空军则为联合直接攻击弹药的初始作战能力加紧准备。2005年8月29日，第422测试与评估中队执行了连续作战适应性测试与评估的首次任务，在犹他州试验与训练靶场释放了一枚联合直接攻击弹药。空军作战试验与评估中心第6支队，是负责实施后续试验与评估的总机构，它使用7架"猛禽"样机开展三项独立试验。在第一项中，"猛禽"将于犹他州试验与训练靶场发射联合直接攻击弹药。另一项评估将在白沙导弹靶场进行AIM-120导弹实弹射击。第三项将在内华达州试验与训练靶场上空进行任务级的评估。在后续试验与评估阶段，试验人员计划发射5枚导弹、16枚联合直接攻击弹药，据威德中校说："这些任务所使用的战术，未来的'猛禽'中队也将在战斗中使用。这些脚本是根据作战实际而制订的。F-22A是一个具有挑战性的计划。它不是一架成熟的飞

机，在赖特-帕特森空军基地，我们与系统项目处、承包商一起工作，并与空军作战司令部一起确保我们能在12月符合初始作战能力需求。该机从一开始就具有双重职能，并具有显著的对地攻击能力。初始作战能力软件包括用于这两种职能的软件，而且在这一步将看到我们对来自洛克希德·马丁公司这款飞机所担负的责任。我们第57机务大队的维护保养团队已经有了很大的进步。我们还有4名新的"猛禽"飞行员正在这里进行室内培训，他们都是百里挑一的。"

全空域，全天候

作者：艾瑞克·黑斯／洛克希德·马丁公司《Code One》杂志

"我们拿'猛禽'任务开玩笑，因为这些任务相当乏味。飞到靶场对抗，我们败了；去加油，返回去再对抗，还是我们败；再加油，再去对抗，又败了。然后，我们就

左图：总结并准备行动，"猛禽"飞行员从第422测试与评估中队出发，去内利斯基地进行空战训练。（杰米·亨特／AVIACOM公司）

上图：有人订了一辆出租车？坐着"猛禽"出租车，第422测试与评估中队的F-22A飞行员前往内利斯基地酷热的跑道。（杰米·亨特／AVIACOM公司）

回家", 驻内利斯的第64 "入侵者" 中队指挥官、作为对手与F-22A空中对抗过20多次的保罗·霍夫曼中校说, "在去年进行初始作战试验与评估期间, 我们连F-22A都很少看到, 更别说是看到它射击了。在我们看来, 该机的表现肯定好于预期。F-22A是革命性的, 这毋庸置疑。"

上图: 在内利斯高温的炙烤下, 遮阳棚带给地勤人员一些凉爽。(杰米·亨特 / AVIACOM公司)

在2004年初使作战试验与评估期间, 第64中队大约飞了300个架次, 与驻爱德华兹空军基地第31测试与评估中队的F-22A作战试验飞行员进行对抗。"在初使作战试验与评估期间, 我们从未合并起来与单架F-22A进行对抗", 霍夫曼说。

第64 "入侵者" 中队以在内利斯举行的 "红旗" 演习和其他大型演习中扮演敌方而著称。该中队的飞行员们驾驶F-16C/D模拟潜在威胁所使用的飞机、武器和战术。"我们有丰富的经验和知识, 这就是为什么在初使作战试验与评估中空军要求我们单位与F-22A进行空中对抗的原因", 霍夫曼还说。

许多初使作战试验与评估任务会持续3个小时以上, 还包括若干次交战。两名F-22A飞行员经常与来自第64中队的4架F-16飞机进行对抗, "猛禽" 飞行员实施预先打击清除、防御性防空任务, 以及密集出动。清除任务涉及为打击飞机(F-16、F-15E及其他载有炸弹的飞机)清除指定空域, 防御性防空任务涉及与打击飞机进行对抗的点防御或

机场防御。密集出动涉及在规定的时段内出动一定架次。对"猛禽"的作战测试继续在第422测试与评估中队进行。

罗伯特·加兰中校，前F-15C飞行员，现在第422中队飞"猛禽"，站在F-22A角度上对空军最先进战斗机的空战提出观点："6个对手可以为两架F-15C飞行员提供完整的训练，但对于两架'猛禽'来说，打败6个对手就像吃早餐那么没有难度。我们甚至都没有出汗。对'猛禽'形成挑战需要大量的对手。"

本面图："猛禽"飞行员詹姆斯·伯德少校登上编号为99-4011的"猛禽"飞机，这是8架"F-22A"产品型验证机之一。（杰米·亨特 / AVIACOM公司）

上图：去内华达试验与训练靶场上空执行训练任务前，沃格尔少校完成了对座舱的最后检查。（杰米·亨特／AVIACOM公司）

上图：在收回到内置武器舱之前，地勤武器专家对外露的AIM-9M"响尾蛇"导弹进行最后检查。（杰米·亨特／AVIACOM公司）

　　在F-22A初始作战试验与评估的作战效能测试阶段，美国空军飞行员动用了4架F-22A飞机模拟各种作战情景。有5架不同的F-22A飞机参与测试，飞了500多个任务，合计大约1300个飞行小时。在适用性测试阶段，"猛禽"被评价为易于被部署和维护保养。测试涉及几十名空军的维护保养人员和来自空军作战司令部的其他保障人

员。飞行始于内利斯空军基地和加利福尼亚州的爱德华兹空军基地。

　　阿特·麦格特里克中校是第422测试与评估中队在威德中校之前的指挥官，是美国空军七名来自爱德华兹基地飞过"猛禽"初使作战试验与评估任务的飞行员之一，他说："在完成初使作战试验与评估之后，2004年10月，我从爱德华兹基地到达内利斯基地。虽然为保护该飞机的性能参数，报告的细节被

左图："猛禽"上的"办公室"。F-22A的座舱有4个多功能显示器，位于中央的"战术显示器"为飞行员提供对空中战场的即时查看。"猛禽"按照"暗驾驶舱"原则工作，即只有出现问题时特定的显示器才在线显示。（胜彦德永）

上图：内利斯基地，一架进行"作战试验"的"猛禽"从遮阳棚缓缓滑向21L跑道。（杰米·亨特/AVIACOM公司）

上图：当"猛禽"的普惠F119-PW-100引擎加速时，地勤组长向飞行员通报观察到的情况。该引擎的矢量喷嘴能够在上下20°间变化喷射方向，显著增强了操控性。（杰米·亨特/AVIACOM公司）

上图："猛禽"的巨大控制面在飞行员进行充分自由运动检查时明显可见。（杰米·亨特/AVIACOM公司）

左图：引擎运转着，随时准备出动——沃尔格少校已准备好从内利斯基地出发去执行任务。由于软件重新启动而在地面上耽误了时间，在内利斯炎热的沙漠中，"猛禽"航电系统产生了初期过热问题。然而，软件的改进已经解决了这些问题。初期的3.10版软件出现了稳定性问题，但3.12和3.13版软件的可靠性已显著提高。（杰米·亨特/AVIACOM公司）

定为高度机密，但我敢说，效能测试总体上取得了巨大的成功。对于适用性，结果看起来也是积极的，但基于F-22A的初始作战能力，我们无法得到所有适用性标准，该机被宣布定于2005年12月完成作战服役准备。也就是说，对于飞机尚未具备的能力，我们无法取得相关的标准。我们给'猛禽'的评价是'有效的及潜在适用的。适用性方面的得分受到了期待着合格或不合格的官员们的关注'。"

左图：詹姆斯·沃尔格少校驾驶"猛禽"从21L跑道起飞，在通过内利斯基地著名的空中交通塔台时收回起落架。（杰米·亨特/AVIACOM公司）

上图：一架"作战试验"的"猛禽"在内利斯靶场上空"露出牙齿"，这架第422测试与评估中队的F-22A打开了四个内置武器舱中的一个，该武器舱装有三枚AIM-120先进中程空对空导弹。两个位于机身下的武器舱还携带着两枚内置的1000磅联合直接攻击弹药，并可以由额外的小直径炸弹作为补充以增加远距离作战能力。（胜彦德永）

上图：一架第422测试与评估中队的"猛禽"盘旋在内利斯靶场上空寻找战机。这里的作战试验团队作出如下评论："我们感到F-15或F-16飞机无法发现和击落我们。在雷达目标成像任务中，用两架'猛禽'对抗6~8架F-16C'入侵者'飞机。我们以典型的马赫数1.5的速度超音速巡航，发现我们能够在4~5分钟内'击落'所有的F-16。"亚历克斯·格林克维奇少校是这个团队的一员。（胜彦德永）

上图："猛禽"令人印象非常深刻。2005年年底，第422测试与评估中队和驻爱德华兹的联合试验部队以及驻兰利空军基地的第27飞行中队一起为初始作战能力而努力工作。（胜彦德永）

上图：两架第422测试与评估中队的"猛禽"返回内利斯基地躲避靶场上空的暴风雨。（胜彦德永）

上图：在21L着陆航线上，一架参与"作战试验"的"猛禽"从"沙漠尽头"飞向内利斯基地。（杰米·亨特/AVIACOM公司）

左图：在靶场上空"击落"F-16"入侵者"之后，一架第422测试与评估中队的"猛禽"在内利斯靶场着陆。（杰米·亨特/AVIACOM公司）

下图：滑行进入内利斯"热加油"场地，为克服缺少空中加油机的弱点而连续执行任务，在保持引擎运转的同时进行加油，以允许任务延伸而无需停机进行维护保养。（杰米·亨特/AVIACOM公司）

上图：任务完成。两架内利斯基地的"猛禽"从头顶飞过。（杰米·亨特/AVIACOM公司）

上图：加满油准备第二次出动，一架第422测试与评估中队的"猛禽"冲出内利斯基地，途经64中队的F-16飞机的跑道。（杰米·亨特/AVIACOM公司）

上图："作战试验"的"猛禽"沐浴在午后的金色阳光里，背景是著名的"日出山脉"。（胜彦德永）

下图：美国空军

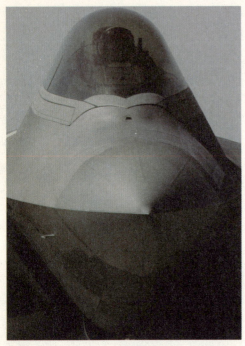

上图："F－22A"战机的前视图。（杰米·亨特／AVIACOM公司）

后续试验

接下来的一系列试验，被称为后续试验与评估，或后续作战试验与评估，被设计用于得到那个分数。"后续作战试验与评估被用于解决未经试验的项目和对在初始作战试验与评估中存在问题的修复验证"，麦格特里克解释说，"不过，在后续作战试验与评估中，我们主要关注'猛禽'的空对地能力"。

"猛禽"的初始空对地核心能力

来自于1000磅GBU-32联合直接攻击弹药，其主武器舱能够携带两枚此型精确制导炸弹。用于投掷联合直接攻击弹药的软件，不可用于初始作战试验与评估，由第422中队于2005年年初安装在"猛禽"上。在后续作战试验与评估中，第422中队的主要任务有三种：空对面攻击，战略攻击，以及改变武器目标。第422中队F-22A分队指挥官奥兰多·桑切斯少校也参与了试验计划，他说："对于后续作战试验与评估，我们以空对地配置飞往北边的靶场。我们或模拟或携带联合攻击弹药实弹。对于空对面攻击任务，我们与对手进行对抗，并尝试打击位于模拟地对空导弹防卫区域内部的目标。对于战略打击任务，我们打击高价值目标和重兵防守的目标。对于改变武器目标的任务，我们在加油机旁等待分配任务。一旦接到任务，我们就对联合直接攻击弹药编程攻击原先没有计划的目标。"

后续作战试验与评估任务包括大约7次导弹实弹射击和20次联合直接攻击弹药实弹投掷。飞行员和官方观察员点评飞机的性能并为每个任务给出相应的

得分和等级。在任务期间，数据会被飞机上的仪表数据采集包所记录，那是一个橙色的大盒子，位于主武器舱右侧。

支配战场

空对地能力改变了F-22A，在第422测试与评估中队飞行员们使用术语"战场优势"来表示这种改变。嘉兰中校解释说："就像F-15C，F-22A已经从空中优势平台产生了演变，从用于打击的飞机如F-16或F-15E，演变成一个能在战场占主导地位的武器系统。我们用F-15C粉碎空中威胁，为打击飞机铺平道路。在受到地对空导弹威胁时F-15的雷达截面迫使我们停止追踪空中目标。而'猛禽'的隐身性能允许我们追踪并摧毁那些空中目标。我们还能够向那些有威胁的地对空导弹或任何其他目标投掷炸弹。在我们的全球打击概念中，我们能够在任何空域进行打击和清除战场威胁。当我完成导弹发射和炸弹投掷之后，我能够作为一个传感器平台用综合化航电设备继续支援作战，通过使用数据链，把飞机能够看到的一切转发给该区域中的其他资产和后方指挥部

的领导层。"

作为全球打击概念的内容，第422中队的飞行员和各类人员是发挥F-22A潜力的重要组成部分。据桑切斯少校说："全球打击这个术语，指的是打击套件中低可探测性资产的整合，这在'猛禽'出现很早之前就已经很普遍了。B-2和F-117已经合作了一段时间。而F-22A是实践这一概念所需飞机的充分补充。每架飞机都具有独特的能力，它们的合力能够深入渗透并摧毁高度精密的一体化防空网络。约翰·江珀将军（美国空军参谋长）对全球打击的愿景是'破门'的力量，能在重兵防守的国

上图：杰夫·威德中校，自2005年中起，任第422测试与评估中队指挥官。（杰米·亨特／AVIACOM公司）

家找到并摧毁目标的空中资产的集合。'猛禽'为这类任务带来了高效的空对地能力，同时具有进攻性的空对空能力。"

内利斯基地"绿蝙蝠"中队的F-22A飞行员已执行过全球打击实战任务，包括2005年3架B-2、4架F-117、2架"猛禽"、3架EA-6B干扰机，以及1架加油机执行夜间任务，与6架"入侵者"飞机和一套地对空导弹系统进行对抗。桑切斯少校解释说："我们先解决掉空中威胁，然后保护F-117和B-2对抗地对空导弹阵地。"

F-22A的实力主要体现在四个方面的能力：机动性、超音速巡航、隐身性以及传感器融合。每种能力都很容易独立地去描述。然而，要解释使"猛禽"优越于之前的其他任何一款战斗机的这些能力间的相互关系却是不容易的。来自座舱的第一手经验有所帮助。第422中队F-22A标准的评估长官亚历克斯·格林克维奇少校说："隐身与超音速巡航的组合更加缩小了防御系统的作用范围，比单独使用隐身或速度效果明显得多。在亚音速状态，'猛禽'具有

的实际优势不会超过F-117隐身性所取得的优势。在超音速状态，当雷达系统可能发现'猛禽'时，它已经在作用范围以外了。"他还讲了机动性和速度的组合提供组合优势的另一个例子："人们通常认为机动性在低速缠斗时会下降。我们不希望F-22A低速飞行，而希望它高空高速飞行，使用空对空导弹或精确制导弹药进行远程打击。在空气稀薄的高空，控制面、襟翼和副翼，都不太有效，而由飞机的推力矢量提供的机动性是可用的。推力矢量让我们能在那样的高度转弯，以进入发射武器和规避探测的最佳位置。"

自2005年夏末起，8架"猛禽"飞机和10名"猛禽"飞行员被分配到内利斯基地，用于后续作战试验与评估。这些飞行员中，一半是F-15C驾驶员，另一半是F-16和F-15E驾驶员，有6人毕业于美国空军武器学校，1名毕业于试飞员学校。一名F-117飞行员引用麦格特里克中校的话说："它将几代隐身经验集于一身，达到最大化的隐形。F-117在隐形空对地打击方面已经做了20年。在关于F-22A空对地打击方面

我们已进行了4个月的工作。我们认为F-117的经验将会是有用的。"

　　内利斯基地飞机的维护保养由隶属于驻内利斯的第57联队的第57机务大队的约120名人员负责。第422测试与评估中队隶属于第53测试与评估大队，该大队是驻佛罗里达州埃格林空军基地的第53联队的一部分。虽然第57机务大队可以直接从技术学校得到部分维修人员，但大部分维修人员都是从其他飞机转到F-22A的。参谋军士克里斯·麦克莱恩，一名"猛禽"维修机工长，带着超过8年维修F-15的经验来到F-22A中队，他说："转变就像重新开始，因为'猛禽'是完全不同的飞机。一个有经验的人需要约六周来适应一架飞机。"据麦克莱恩讲，便携式保养辅助设备占学习内容的大部分。地勤人员使用加固的便携式电脑来启动飞机，加油，操纵飞行控制系统，为几乎每一个维修保养任务查阅资料。"我们不使用纸质的表格或是技术说明书。我们所需的所有信息都在便携式电脑中。以前，如果我需要拉下F-15的启动装置，我必须查找技术说明书，并确定在哪本书的哪一卷中包含我需要的信息。然后必须在支持章节中查找技术规范并把所有要用到的书搬到飞机旁。而对于F-22A，我只要在我的便携式电脑中判断启动装置属于哪个类别，然后点击那个类别。技术数据就显示在屏幕上。在维修飞机时我只带着工具箱和便携式保养辅助设备。最近进行的飞机改装取得了极大进步。加载的软件使飞机更棒。'猛禽'更加稳定可靠——我们最近的33个架次没有一次因故障而中断起飞。"

　　麦格特里克中校进一步解释了第422测试与评估中队的工作，"'猛禽'是一架进行作战试验的飞机。我们发布新软件，改变硬件，我们发现和解决问题。不过我们也在做对中队里其他每一型飞机都要做的工作。对于所有这些飞机，在其最新的作战飞行程序下发到美国空军其他部队之前，我们会先拿到这个软件。对于硬件也是这样。例如，我们正在测试的A-10C具有新型玻璃座舱，而F-16、F-15E和A-10C具有新型瞄准吊舱。我们在第422中队的任务就是在飞机交付部队之前，找出其所有可改进之处。"

　　找出软件和硬件的所有可改进之处是力量发展评估的责任，该评估独立于初始作战试验与评估和后续作战试验与评估。初始作战试验与评估和后续作战试验与评估是政府规定的并处于空军作战试验和评估中心的监管之下，而力量发展评估在空军作战司令部指导下，由第53联队实施。加兰中校指出，"我们在力量发展评估中所做的工作会影响F-22A的战术手册。我们还为飞机上的每个系统写学术描述。如果我们写雷达，例如，一名来自第422中队的飞行员分管雷达，他要写一篇任期论文来描述雷达的功能。为了获取更多的相关信息，他会与设计和建造该雷达的各个承包商一起工作。待论文完成，这名飞行员会将他学到的关于这个雷达的一切教给兰利基地的F-22A飞行员"。第422中队也有专注于战术主题的专家，如基础战斗机机动、空战机动、战术拦截、不同的空战训练，以及对空防御。第422中队的每名"猛禽"飞行员都至少对一个特定的系统和一种或更多种战术有专门研究。

　　麦格特里克中校说："未来几年里，在为全球打击制定具体的战术时，以及为新性能，如全景夜视镜，相关的战术实施具体测试方案时，我们将在F-22A的后续作战试验与评估和力量发展评估之间交替进行。试验中不断改进的F-22A对于每一位参与者——从承包商，到相关官员、飞行员、维护保养人员而言都是一项艰巨的任务。但它也是一项让人乐于去做的事。我们都已经看到F-22A的能力，它已经完成90%。没有大的障碍存在。在这里我们让这架战机充分发挥其潜力，向我国领导人和纳税人证明，他们的投资是正确的。我对成功毫不怀疑。"

出发去靶场

　　第422测试与评估中队不只有"猛禽"。这个忙碌的中队运转着5种机型，威德中校解释说："我们的A-10飞机正进行升级。我们有6名固定的A-10飞行员和3名临时飞行员。现在有3架已经完成升级，还有2架也已经列入计划。它们有新的座舱，携带'狙击手'和'利坦宁'瞄准吊舱以及联合直接攻击弹药。目前正在为新的吊舱验证激光

上图：第422测试与评估中队还担负着保障"红旗"军演的任务。图中，一架"绿蝙蝠"中队的F-16D飞机与第64"入侵者"中队的F-16C飞机一起扮演"敌对"的红方空军。（理查德·科伦斯）

发射曲线图。A-10C上有'精确交战系统'数据存储管理数据总线、新的座舱显示器和态势感知数据链。联合直接攻击弹药与风修正弹药撒布器的整合，以及强大的新型'狙击手'吊舱是升级的重点。我们的兄弟中队，驻埃格林基地的第85测试与评估中队，拥有美国最大型的靶场测量仪器联合装置，可以通过遥测详细记录数据，允许分析师在地面监视数据，甚至可以监视座舱里显示器的显示。在这儿，我们有陆地靶场和强大的威胁模拟能力及投掷实弹的能

力。"显然，这两个设施的组合使第53联队能够在与实战高度逼真的环境中进行试验。

2005年，在内利斯基地举行的一场特殊"红旗"演习中，第422测试与评估中队扮演了重要角色。对于"红旗"演习，第422中队一直为第64"入侵者"中队的飞机提供支援，但在2005年8月的"红旗"05-4演习中，第422中队专门参加网络中心战战术和协议的制订。这是正在进行的关于开发时间敏感目标和压制敌对空防御战术、增强联合

空战中心功能、通过更多地使用数据链和其他通信手段缩短信息从传感器到发射人员的时间的一部分工作。威德中校说："在'红旗'演习期间我们控制南部地区的战斗。我们关注情报、监视与侦察打击的协调与侦测。我们发挥了新型先进瞄准吊舱的远程作用并与联合空战中心及'联合监视和目标攻击雷达系统'配合，为'伊拉克自由行动'的相关需求开发目标搜索模式。"

通过这些演习，美国空军已经确保处于新兴技术的最前沿。同时确保空军维持其资产并在各中队需要时提供所需的资产。

右图：在一次测试任务中，一架第422测试与评估中队的F-15C打开全加力冲出内利斯基地。这架"鹰"式飞机的翼根挂架上携带了一枚AIM-9X导弹。F-15C升级的5M套件与新型导弹通过联合头盔提示系统中新的头盔瞄准具相配合。（杰米·亨特/AVIACOM公司）

左图：一天结束了——"绿蝙蝠"中队的一架F-16CJ飞机在完成当天的飞行任务后返回内利斯基地。（杰米·亨特 / AVIACOM公司）

左图：一架第422测试与评估中队的F-16CJ与一架同队的"猛禽"在飞行中转向。（美国空军）

右图：作为作战试验中队，第422测试与评估中队为即将被引进前线的最新装备铺平道路。（杰米·亨特/AVIACOM公司）

下图："绿蝙蝠"中队一架F-15C飞机返回内利斯基地21R跑道。飞行员佩戴着联合头盔提示系统的头盔。（理查德·科伦斯）

左图：停在内利斯基地跑道上的第422测试与评估中队的这架F-15E飞机所携带的新型"狙击手"先进瞄准吊舱，替代了夜间低空导航与红外寻的瞄准吊舱。对F-15E雷达的升级也已列入计划，"绿蝙蝠"中队将在新战术开发和对新装备的作战评估中发挥主导作用。（杰米·亨特/AVIACOM公司）

上图：对最新型武器的评估与集成是第53联队及其相关单位工作的重要部分。一架从内利斯基地起飞爬升的第422测试与评估中队的F-15E携带一系列新型武器，包括AGM-130火箭助推型GBU-15炸弹和AGM-154联合防区外武器实弹。机腹下抗干扰的ZSW-1改进型数据链吊舱允许F-15E的机组人员通过视觉控制AGM-130，并利用被称为"淘金盘"的系统在飞行中接收机会目标的信息和图像。（杰米·亨特/AVIACOM公司）

上图：地勤人员查看第422测试与评估中队执行试验任务后返回的两架改进的A-10C飞机。2005年9月，该中队拥有三架改进的A-10C，用于该型机飞行试验和对新性能的评估。（杰米·亨特／AVIACOM公司）

上图：置身于日出山脉，一架配备"小牛"空地导弹的第422测试与评估中队的A–10A前往内利斯靶场进行"战斗"。（杰米·亨特／AVIACOM公司）

上图：这架第422测试与评估中队的F–15E在试验中携带了六枚2000磅的Mk84炸弹。（理查德·科伦斯）

右图：这两架F–15E"打击鹰"携带AGM–65"小牛"导弹，这不是常规的武器配备，而是典型的由第422测试与评估中队担负的特殊工作。（杰米·亨特／AVIACOM公司）

左图：第422测试与评估中队已经在一架A-10"雷电"上对新型全景夜视镜进行测试。（美国空军）

右图：洛克希德·马丁公司的"狙击手"瞄准吊舱正在被引入到A-10C战机上。（杰米·亨特／AVIACOM公司）

下图：进行"作战试验"的A-10C"雷电"从一次近距离支援任务返回，停在在内利斯基地南部的实弹配备区。（杰米·亨特／AVIACOM公司）

下图：一架第422测试与评估中队的改进型A-10C试验机执行对该型机配备的新型"狙击手"瞄准吊舱的评估任务后返回。（杰米·亨特／AVIACOM公司）

第四章

帕塔克森特河海军航空站

"帕塔克森特先锋"的大本营

在风景如画的切萨皮克湾绿树成荫的大堤以及与其同名的航道上，位于马里兰州的帕塔克森特河海军航空站是美国海军飞行试验的"精神"家园，也是美国海军航空系统司令部总部所在地。每天持续不断地对新型飞机或新系统的升级进行试验和评估，该航空站成为集中在这里的美国海军和海军陆战队多样化的重要项目保持活力的温床。帕塔克

下图：从概念到载体——驻帕塔克森特河的美国海军试验中队为前线中队测试新飞机以确保其性能。（美国海军）

森特河基地一直是一个繁忙之地（如众所周知的那样），为赋予海军和海军陆战队最新能力的许多项目做出贡献的一些单位驻扎在此。

1943年，帕塔克森特河航空站受命集中海军航空兵试验，成为美国发展最快的海军航空站，目前是海军航空作战中心飞机处的总部，还是其他近50个直接向美国海军报告的总部所在地。因受第二次世界大战的刺激和影响，当时初步计划马里兰州锡达波因特地区的农场

在1年之内改用于飞行试验活动，1945年6月16日海军航空试验中心在这里落成。战争推动了美国海军试飞员的发展，随着富有战斗经验的机组人员的到来，从1948年正式开始课堂教学，并成立了试飞员培训部。这些飞行员飞各式各样的美制飞机，还对俘获的敌机进行评估，包括各种德国和日本飞机，并根据他们的研究结果为舰队飞行员制订战术。

很明显，随着雷达跟踪、机场照明和仪表着陆技术的发展和完善，该设

上图：一架试飞员学校的F/A-18B"大黄蜂"飞机从帕塔克森特河航空站起飞。美国海军试飞员学校为新的试飞员、飞行官和工程师在飞机的工艺和技术及系统测试与评估方面提供指导。美国海军试飞员学校管理着13种不同类型的50架飞机。（美国海军／丹尼尔·麦克莱恩）

上图：试飞员学校的教练员迈克尔·德纳少校和学员克里斯多佛·多森中尉在一次系统评估任务前对F/A-18B飞机进行飞行前的巡视检查。（美国海军／丹尼尔·麦克莱恩）

左插图：美国海军试飞员学校的臂章。

左图：一架试飞员学校的T-2C"橡树"教练机准备起飞，而一架T-38A承担巡回工作。（杰米·亨特/AVIACOM公司）

上图：一架T-38A飞机在试飞员学校的跑道上等待着教练员和学员。（杰米·亨特/AVIACOM公司）

左图：教练员和学员滑行出发进行飞行训练。有趣的是，该机由一名实习试飞员驾驶，而此人是试飞员学校一名经验丰富的毕业生。试飞员学校发布航空测试界的飞行试验技术标准和项目报告指南。（杰米·亨特/AVIACOM公司）

上图：偏僻的帕塔克森特河航空站试飞行员学校因一年到头的试验工作而繁忙。（杰米·亨特／AVIACOM公司）

下图：随着试飞员学校 3 架U-6A"海狸"飞机中的1架为执行任务而启动，普惠公司"黄蜂"初级引擎发出了充满活力的"咔嗒"声。（杰米·亨特／AVIACOM公司）

下图：几架试飞员学校很不常见的飞机排成一行，包括2架U-6A"海狸"和1架从美国陆军借来的U-21F，用于学员学习积累轻型双引擎飞机的经验。（杰米·亨特／AVIACOM公司）

上图：准备行动——试飞员学校一架F/A-18B在等待它的机组人员。试飞员学校补充的3架"大黄蜂"被用于机组人员和工程师的快速喷气机教学阶段。（杰米·亨特／AVIACOM公司）

左图：由于出色的操控性和灵活性，试飞员学校仍然保留了老旧的海军训练主力T-2C"橡树"飞机。（杰米·亨特／AVIACOM公司）

下图：值得尊敬的T-2C"橡树"飞机的前座舱基本布局。（杰米·亨特／AVIACOM公司）

施将很快成为航空技术里程碑式进步的关键。从海军航空试验中心获得了丰富知识的飞行员们运用他们的专业知识打破飞行试验的边界。特别需要注意的是第一架在海上作业的喷气式飞机，是1964年由指挥官詹姆斯·戴维森少校在"富兰克林·D.罗斯福"号航母上驾驶的一架FD-1飞机。这些喷气时代的创新在创立之后的几年，其在速度和高度上的纪录被打破的速度像它们被创造的那样快。时任飞行试验部主任的戴维斯上校在1949年11月7日成为第一个进行超音速飞行的海军飞行员。

上图：许多贝尔公司生产的OH-50C"基奥瓦"直升机被从美国陆军借来用于试飞员学校旋翼机试飞员的培训。（杰米·亨特 / AVIACOM公司）

在通常情况下，冲突会刺激军事技术的快速发展，朝鲜战争中海军在海上展示了其现代喷气机的强大能力，导弹取代了大炮，军事航空取得了重大跃进。

美国海军飞行员学校于1958在此成立，而1959年选择加入太空竞赛的7名宇航员中有4名毕业于该校，于是它的潜力立刻就被认识到。实际上，1961年，前海军试飞员、毕业于试飞员学校的艾伦·谢泼德成为第一个进入太空的美国人。

1975年，这里开始实行彻底重组和改制，筹备作为在海军航空系统司令部管理下实施开发试验主要场所的海军航空试验中心。而到了1991年，它再次做出改变，进一步整合形成海军空战中心以提高产品和服务水平。驻帕塔克森特河航空站的飞机处的任务主要由4个分部门负责：负责攻击机试验的VX-23中队、负责海军飞机试验的VX-20中队、负责旋翼机试验的HX-21中队和试飞员学校，每个分部门都由诞生于原系统测试理事会的试验与评估大队提供支援。如今这些单位被整体称为"大西洋试验联队"，其作用是有效弥合制造商与航

母甲板之间的缝隙。

试飞员学校——扩展边界

　　在为期11个月的学习期间，美国海军试飞员学校通常平行进行两类课程，训练海军、海军陆战队、空军和陆军人员以及外籍和文职工程师如何进行测试。该学校拥有培养高效的试飞员和工程师所必需的各种飞机及机载系统。学校不仅培养固定翼飞机机组人员，还培养直升机试飞员，是政府或行业中直升机试飞员唯一的来源。除了在试验环境中培养新的试飞员和工程师，学校还研究和开发新的飞行试验技术。固定翼、旋翼和系统学员都在一起工作以更好地

上图：试飞员学校是美国海军唯一有T-38飞机的地方，这些飞机来自美国空军，通过升级新的航空电子设备，已经达到T-38C的标准。（杰米·亨特／AVIACOM公司）

下图：一架试飞员学校的F/A-18B"大黄蜂"飞机。（杰米·亨特／AVIACOM公司）

理解将来的"实际"测试。为了更有效地搜集飞行试验数据，对飞机的操控有更清晰的认识，固定翼飞机的学员可以要求参加对T-2"橡树"和T-38"禽爪"的初级操作评估。

OH-6"小马"直升机和OH-58"基奥瓦"直升机为旋翼机学员提供类似的任务。系统学员会接触到尖端科技，包括在学校的NP-3D飞机上的课堂环境中评估实时数据的能力，该飞机装有F-16飞机使用的APG-68雷达，代表了学员希望在作战试验领域遇到的先进技术。该机还配备了一个模拟座舱，为系统专业的学员在未来的实际飞行任务中与他们的固定翼专业的同学在学校的F/A-18"大黄蜂"飞机上一同工作做好准备。

6架T-6A"得州人Ⅱ"飞机中的首架于2005年9月抵达帕塔克森特河航空站，开始替换可敬的T-2"橡树"飞机。试飞员学校的指挥官史蒂夫·木原中校说："分配到试飞员学校的每一型飞机都带来一组独特的性能、操控或系统品质，被用于实现教学大纲中特定的学习目标。T-6取代试飞员学校的最

下图：在高级红外前视目标搜索雷达测试期间，VX-23"咸狗"中队的一架F/A-18C"大黄蜂"在大西洋试验靶场上空投掷1000磅的Mk83炸弹。该试验是对F/A-18C/D飞机上各种武器在邻近高级红外前视目标搜索雷达的位置上进行安全分离的评估。（美国海军／弗农·普格）

下图：VX-23中队的波音公司F/A-18E"超级大黄蜂"飞机在试验任务之间小憩。（杰米·亨特／AVIACOM公司）

爱——长期使用的T-2'橡树'飞机，成为固定翼飞机课程使用的两种主要机型之一。从第131课开始，学员们将驾驶'得州人Ⅱ'和T-38飞机。试飞员学校花了几年时间为其即将淘汰的T-2飞机寻找替代品。'橡树'在将海军飞行员培养成为试飞员的过程中，特别是在倒飞螺旋的动力学方面是一个极好的工具。但随着海军T-2机队的快速衰落，该机的使用和保养的成本高到试飞员学校无法将该机作为可用的工具保留。T-6和T-38的组合使固定翼飞机学员掌握了螺旋桨飞机和喷气式飞机的驾驶特点，将有助于试飞员学校输出更有经验的试飞员。'得州人'飞机的数字化座舱比T-2的模拟仪表在培训上更有优势。现在的试飞员需要测试的是今天的飞机。T-6飞机立刻为我们的系统学员提供了一个现成的现代化的系统平台。"

"咸狗"中队

与其他海军飞行测试与评估中队一样，绰号"咸狗"的攻击机测试与评估中队于2002年5月1日被授予代号，目前被称为"VX-23"，它是海军空战中心最大的飞行试验机构，负责对海军和海军陆战队的固定翼战术飞机进行研究、开发、试验和评估。该中队有一支由F/A-18A到D各型"大黄蜂"、F/A-18E/F"超级大黄蜂"、EA-6B"徘徊者"和T-45C"苍鹰"组成的混合机队，每年进行超过3000架次、总计约5000飞行小时的高风险飞行试验。该中队深入参与了波音公司F/A-18E/F"超级大黄蜂"的后续开发和"老式"的F/A-18"大黄蜂"的升级，以及最近诺斯罗普·格鲁曼公司的EA-6B"徘徊者"能力改进Ⅲ型飞机的升级。"能力改进Ⅲ型"被设计为通过加强ALQ-99战术干扰系统来增强战胜下一代导弹和电子威胁的能力，它在2005年通过作战评估后获得初始作战能力。

帕塔克森特河航空站是"超级大黄蜂"开发试验的主要地点。自从该型机1995年9月29日首飞以来，在帕塔克森特河航空站进行的严格的飞行试验计划已逐步扩大到使用7个试验机身，5架单座E型和2架双座F型。

每架飞机的装备因具体任务而不同，所携带的仪器都是为各个试验专门

上图：满载各种仪器的第二架F/A-18E(E2)在大西洋试验靶场上空执行任务后携带Mk82炸弹返回。（特德·卡尔森 / Fotodynamics公司）

设计的。位于大西洋沿岸中部地区邻近帕塔克森特河航空站的试验与训练靶场提供的数据链系统可反馈回实时的信息，如此进行试验的好处是地面上的系统分析员能够在现场对每个任务进行充分评估。这样的试验任务极其复杂，有时有一次飞行中要完成多达70项工作，持续长达5个小时。早期的"超级大黄蜂"试验表明这是一个完全令人满意的产品，唯一负面的特性是在高攻角时机翼有下倾趋势，这个问题后来通过修改翼前缘而得以纠正。将"超级大黄蜂"带到海上也是集成承包商和驻帕塔克森

特河航空站海军试验团队的一组任务。在陆地上进行了弹射器起飞和制动、蒸汽吸收试验及飞机引擎喷气导流板试验之后，登上"约翰·斯坦尼斯"号航母的首架F/A-18F飞机于1997年1月17日进行首次至关重要的航母适应性试验。

武器分离试验也是VX-23中队负责的一个重要任务。尤其是对于"超级大黄蜂"，这涉及超过50种不同类型的军械。因其比"老式"的"大黄蜂"具有更出色的航程、耐用性和增强的生存能力，该机非常成功地取代了在舰队服役的F-14"雄猫"。遗憾的是，因"雄

下图：一架混合挂载了AGM-88、高速反辐射导弹、AIM-9M"响尾蛇"导弹和GBU-24激光制导炸弹等武器的VX-23"咸狗"中队的F/A-18F"超级大黄蜂"飞机在帕塔克森特河航空站进入四转弯降落航线。（美国海军 / 乔·埃热迪）

上图：携带着4枚AGM-154联合防区外导弹（联合防区外武器），这架全挂载的F/A-18C对该导弹进行初期试验。联合防区外武器是一种具有弹出式滑翔翼的GPS制导炸弹，1999年在伊拉克"南方守望行动"中首次使用。（美国海军）

上图：在位于漠哈韦沙漠的中国湖海军空战武器站上空，这架VX-23中队的F/A-18C正在进行AIM-9X导弹试射。从图中可以看出，武器投掷试验通常意味着试验飞机配备有各种高速摄像机，对武器释放阶段进行录像以便后续分析之用。（美国海军 / 雷神公司）

猫"战机面临将在2006年最终退役，2005年VX-23中队的实力中不再有F-14了，进行的所有相关试验都停止了。然而，在2005年5月，VX-23中队迎回了2架来自VF-101"黑暗镰刀手"中队的F-14D用于最后一项试验。由于驻海军文图拉县基地穆古角海军航空站的VX-30"猎犬"中队已让其最后的试验用F-14飞机退役，"黑暗镰刀手"中队买回了这些F-14放在帕塔克森特河航空站，为该型机最终作战部署武器库引进500磅的GBU-38联合直接攻击弹药。

除了已在用的2000磅的GBU-31以外，VF-213"黑狮"中队还对其单位携带和使用最小型的联合直接攻击弹药感兴

趣。海军航空系统司令部随即采取行动，VF-101中队临时受命，在指挥官保罗·哈斯的带领下解决F-14D试验机的计划外需求。5月11日在由VF-101中队进行了简短的重新鉴定后，VX-23中队经验丰富的机组人员开始对F-14进行试验。在试验联队大西洋军械支援小组组长艾瑞克·米切尔和VX-23中队试验雷达拦截官"羊羔"凯文·沃特金斯中尉的带领下，在第一天的飞行中就完成专用挂架试验工作，第二天完成了分离试验，在布满仪器的近海靶场投掷了2枚GBU-38。只用一天时间就完成了航母适应性试验，包括多次高效降落拦阻着

上图：地面飞行试验工程师为一架VX-23中队的F/A-18E进行试验任务前的准备。（杰米·亨特 / AVIACOM公司）

陆，而在6月份，VX-23中队在中国湖海军空战武器站为完成两种制导武器的投掷铺平了道路。

左图："咸狗112"号，一架VX-23中队的F/A-18A，在帕塔克森特河航空站试验期间为照相摆姿势。（杰米·亨特 / AVIACOM公司）

上图：在"西奥多·罗斯福"号航母上进行飞行甲板作业测试期间，一名飞行甲板调度员引导一架VX-23中队的F/A-18F"超级大黄蜂"在出发前上弹射器。（美国海军 / 埃本·布思比）

左图：一架VX-23中队配备了弹射式多重挂弹架的F/A-18B飞机，由攻击分队的海军陆战队试飞员驾驶。（杰米·亨特 / AVIACOM公司）

119

上图：作为VX-23中队负责的舰上飞行甲板验证程序的一部分，一架该中队的F/A-18A在核动力航母"罗纳德·里根"号(CVN-76)上首次"拦阻"着舰。（美国海军／弗兰克·布里奇斯）

上图：这架"咸狗"中队的EA-6B"徘徊者"一直深入参与"能力改进III型"的升级，升级将为该型号赋予新能力以使其在2015年左右被EA-18G取代之前都能保持强大威力。（杰米·亨特／AVIACOM公司）

右图：为矢量推力的超短距起飞着陆控制和无尾飞行研究计划进行的一次飞行试验结束后，X-31试验机返回帕塔克森特河航空站。X-31在高攻角时使用推力矢量来保持控制并在着陆设定中降低速度。（美国海军陆战队／科迪·阿利少校）

右图：X-32B是波音公司打造的短距起飞垂直降落型联合打击战斗机概念验证机，其竞争机型是X-35。X-32B目前被安置在帕塔克森特河航空站的博物馆里。（美国海军）

左图：VX-23中队使用智能的T-45C"苍鹰"进行高级教练机试验。（特德·卡尔森／Fotodynamics公司）

左图：VX-23攻击试验中队装有数字飞行控制系统的F-14A"雄猫"已退役很久了，然而，美国海军在2005年又买回了两架F-14D交给帕塔克森特河航空站，用于最后一系列试验以明确该型机是否可挂载GBU-38炸弹。图中看到的是在从大西洋试验靶场外发射AIM-54"不死鸟"导弹试验期间，与VX-20中队一架KC-130F飞机组成编队的该飞机。（杰米·亨特／AVIACOM公司）

上图：VX-20空军飞机试验中队一架垂尾上仍然使用原先的海军航空作战中心标志的反水面战改进型P-3C"猎户座"飞机，发动引擎准备执行任务。（杰米·亨特／AVIACOM公司）

121

上图：帕塔克森特河航空站的未来。2001年舰载适应性试验期间，由阿特·托马塞蒂少校驾驶的洛克希德·马丁公司的X-35C联合打击战斗机概念验证机舰载（航母）型在帕塔克森特河航空站上空巡航。从2007年起试验将进入下一阶段，随着该概念机取代"老式"的"大黄蜂"成为美国海军舰队战斗机，F-35将返回这里进行大量的试验。（洛克希德·马丁公司）

空军飞行队

空军飞行试验中队VX-20中队与VX-23中队以大致相同的方式工作，但是集中了飞机谱系中体形较大的机种，有P-3"猎户座"、C-130"大力神"和E-2"鹰眼"。所有重大项目都来自海军航空系统司令部的任务表，而报告要根据整理好的研究数据由项目经理、机组人员和工程师撰写。像所有的试验中队一样，VX-20中队处在分配给它的飞机所使用的新技术的最前沿。下一代的E-2D"先进鹰眼"空中早期预警机在这里目前正处于系统开发与论证阶段。这份价值1.9亿美元的合同用于新建两架"先进鹰眼"飞机，机上装备超高频相控阵雷达、战术座舱、新的通信组件和检测战区弹道导弹的红外监视搜索与跟踪系统，预计于2007年进入作战试验。美国海军最终计划采购75架，并计划在2015—2017年具备完全作战能力。

下图：图中看到的是在舰载机现场降落演练期间一架VX-20中队测试用的E-2C"鹰眼2000"飞机，机上美国汉胜公司生产的NP2000螺旋桨尤为显眼。NP2000项目正为E-2C及C-2A"灰狗"飞机引进新的推进器。（杰米·亨特／AVIACOM公司）

下图：一个晴朗通透的午后，VX-20中队的E-2C飞机在帕塔克森特河基地上空执行试验任务。（美国海军）

右图：VX-20中队的NC-130H"大力神"飞机为当前正在开发中的E-2"鹰眼"雷达现代化计划提供了一个空中试验平台。洛克希德·马丁公司将生产5套雷达系统，用于资质、可靠性和飞行试验，之后是到2020年装备75架E-2C飞机的全面生产计划。（美国海军）

美国海军陆战队的KC-130J下一代空中加油机经过在VX-20中队初始开发工作后，成功通过了第二个阶段的作战评估。该中队一直是该型机提升可靠性和可维护性、提高任务的可用性、改进燃料供给等新性能的开发中心，美国海军作战试验与评估指挥官建议对该中队进行"全舰队介绍"。

上图：配备了NP2000新式推进器的C-2A"灰狗"飞机，因正在进行测试而被保留在VX-20中队的实力中。（美国海军）

123

上图：由VX-20和VX-1中队的飞行员驾驶的S-3B"北欧海盗"在帕塔克森特河航空站附近飞行。这些飞机是帕塔克森特河航空站2004年保留的最后一批S-3B飞机，在完成最终测试后被调往舰队。（美国海军）

上图：一架VX-20中队的KC-130F飞机在执行空中加油测试保障任务后返回帕塔克森特河航空站。（特德·卡尔森／Fotodynamics公司）

右图：MH-60R"海鹰"直升机，作为取代SH-60B/F"海鹰"直升机的美国海军下一代反潜和反水面攻击直升机，于2005年5月由VX-1中队开始对其进行作战评估。（特德·卡尔森／Fotodynamics公司）

左图：尽管美国海军P-3C"猎户座"飞机的在用数量迅速减少，但该机还是得到了升级，并由VX-20中队进行测试。近年来，陆地监视职能及反水面战改进计划是重大项目。该机被计划由波音公司的P-8A多用途海上飞机所取代。（杰米·亨特／AVIACOM公司）

上图：这架早期的NP-3D飞机被调配到驻帕塔克森特河航空站的海军研究实验室飞行保障分队。海军研究实验室使用5架经特别改装过的P-3"猎户座"作为空中研究平台。海洋学空中测量小队成立于1965年7月，该小队专门负责航空物探调查工作。2004年12月，驻帕塔克森特河航空站的该小队成为"第1科研中队"（编号VXS-1）。（杰米·亨特 / AVIACOM公司）

HX-21"橡胶警棍"中队

　　HX-21"橡胶警棍"海军旋翼机试验中队位于试飞员学校隔壁，它为广大的美国海军和海军陆战队旋翼机队提供重要服务。该中队主要负责对这两个军种所有新的旋翼机项目进行开发测试与评估，并且还利用其特有的设施为美国陆军和空军旋翼机试验提供保障，以避免相似类型飞机的重复试验。这使得该中队要制订繁忙且内容多样的日程表，特别是考虑到目前正在进行的数量众多的新直升机项目。

125

上图：HX-21"橡胶警棍"中队使用6架MV-22B"鱼鹰"为美国海军陆战队的该型机进行后续开发试验。（特德·卡尔森 / Fotodynamics 公司）

上图：一架试验用的MH-60R和一架美国海军陆战队的CH-53E"超级种马"直升机停在HX-21中队的跑道上。（杰米·亨特 / AVIACOM公司）

1993年11月，为了开发V-22"鱼鹰"这款的激进的新型飞机，一个由贝尔公司、波音公司和美国军事人员组成的V-22"鱼鹰"综合试验团队在帕塔克森特河航空站成立，由HX-21中队管理。2005年，在指挥官基思·达内尔中校领导下，HX-21中队直接参与了MV-22B飞机的试验，该中队因该项目和海军其他新项目而极其繁忙。2004年，该中队飞行小时数和地面试验小时数几乎是过去20年平均数的两倍。该中队使用6架MV-22B、1架最近被用于测试新型斜坡式0.5毫米口径门枪的CH-53E"超级种马"、数架用于追踪和持续训练的TH-57C"喷气突击队员"和1架装有一些与VH-60直升机通用的软件允许进行特定验证的特殊的西科斯基公司NVH-3A直升机。西科斯基公司的H-60"海鹰"系列直升机是该中队中为数最多的一种机型。正在顺利进行的美国海军庞大的机队标准化工作将最终只保留两种型号的直升机在用——西科斯基公司的MH-60R"海鹰"和MH-60S"骑士鹰"。

MH-60R计划要求新建243架，除了大量新技术外，要兼有SH-60B和SH-60F的性能，包括与MH-60S飞机共享的洛克希德·马丁公司的通用玻璃座舱。MH-60R是海军下一代反潜和对水面攻击直升机，在经过HX-21中队的广泛测试之后，已经于2005年5月9日进入作战

评估，由驻帕塔克森特河航空站的VX-1"先锋"中队实施。

要兼有SH-60B和SH-60F直升机的性能，洛克希德·马丁公司是MH-60R直升机任务系统的合成者，其新的任务系统经受了为期6个月的被称为"技术鉴定"的开发试验阶段，由HX-21中队实施。

2002年，237架新MH-60S的生产已被授权，该机（Block I 型）目前正在海军服役，并取代值得尊敬的CH-46"海上骑士"履行其作为垂直补给机的职责。HX-21中队的旋翼机试验小组正集中精力开展关于这种多功能直升机的两个新任务。对可更快速部署的水雷战平台并希望有两种型号可供使用的要求，意味着对性能的要求转向MH-60S。MH-60S Block 2A/B型将最终取代MH-53E"海龙"，在"机载反水雷计划"中承担探测和摧毁水雷以为战斗群开辟通路的任务。"机载反水雷计划"由5个子系统组成。诺斯罗普·格鲁曼公司的机载激光水雷探测系统使用探测和测距激光来对近水面雷、锚雷和漂雷进行

上图：一架美国海军陆战队HMX-22倾转翼飞机测试与评估中队的MV-22飞机在内利斯空军基地附近实施严峻环境下的性能评估。在2000年小批量试生产的MV-22B遭遇2次坠毁之后，试验用"鱼鹰"机队曾被停飞等待安全改进研究。该计划目前正在重回正轨朝全面作战能力迈进。（美国海军）

探测、定位和分类。AN/AQS-20拖曳式声呐被设计为可从悬停状态展开部署，并可由MH-60S直升机拖曳，以对水雷进行探测、定位和分类，是AN/AQS-14拖曳式声呐套件的改进型。机载感应式扫雷系统被设计用于从悬停的直升机上部署，并可在浅水中被高速拖曳以支援有限的扫雷行动。机载扫雷系统是一个非拖曳式扫雷系统，被设计用于摧毁掩埋在水底的和系泊的水雷。原先为MH-53E直升机设计的该扫雷系统使用的声呐和视频传感器封装在鱼雷外壳中，允许飞机传感器操作员引导传感器并在操作员下达指令引爆鱼雷战斗部和水雷之前对目标进行确认。最终，快速机载扫雷系统从MH-60S机载的Mk44"巨蝮Ⅱ"型链炮发射超空泡弹丸。拖曳点装置对MH-60S机身基线是一个大的结构修改。这种修改将使机身在执行拖曳任务期间安全有效地承受预期的载荷。承包商集成测试，包括对这5个独立的任务子系统进行地面与空中的集成测试，由位于佛罗里达州巴拿马城的海军水面作战中心沿海系统站负责，由HX-21中队实施。

下图：海军航空系统司令部V-22飞机综合测试组使用的一架美国海军陆战队MV-22B"鱼鹰"离开帕塔克森特河航空站去执行试验任务。MV-22先进垂直短距起降多用途飞机将取代海军陆战队中的CH-46E"海上骑士"和CH-53D"海上种马"直升机。（美国海军／丹尼尔·麦克莱恩）

对于MH-60S Block 3而言，未来将参与特别行动（特种作战）并发挥"武装直升机"的作用。后者目前正在计划阶段，可能于2007年在舰队实现。与HH-60H相比，MH-60S直升机将具有更强的能力，将配备前视红外、机炮和"地狱火"导弹。MH-60S武装直升机武器系统于2004年年底首次亮相，将在成建制作战搜索与救援、海上拦截作战、水面战及航母"飞机救护舰"搜索与营救任务等领域为未来的远征打击群指挥官提供强大的能力。武器能力包括8枚位于外部武器系统机翼的"地狱火"导弹和AN/AAS-44C前视红外系统。另外，任务包将赋予机组人员从外挂点和右舷窗口使用比利时赫斯塔尔公司激光瞄准的7.62毫米机枪以及从外挂点和右舷舱门使用激光瞄准的0.50毫米口径的GAU-21机枪的能力。西科斯基公司已经安装了前两套武装直升机武器系统任务包，在2006年夏天获得初始作战能力之前，该系统将完成严格的测试程序。

随着庞大的新计划的到来，"橡胶警棍"中队的看起来前景光明。该中队

上图：2004年年底，MH-60武装直升机武器系统首次亮相，如图所示，其武器中有8枚"地狱火"导弹。（美国海军）

上图：贝尔公司的AH-1Z "祖鲁人" 直升机完成操控飞行试验后返回。海军陆战队的AH-1Z直升机拥有泰雷兹公司生产的 "TopOwl" 头盔式瞄准系统和玻璃座舱。（杰米·亨特/AVIACOM公司）

将深入参与对阿古斯塔公司和洛克希德·马丁公司联合研制的VH-71A "未来总统直升机" 的测试，该机将从2009年起取代VH-3和VH-60直升机。飞行试验预计于2006年在帕塔克森特河航空站开始。另外，美国海军陆战队的CH-53E直升机的更换计划将涉及由HX-21中队对西科斯基公司新CH-53F直升机进行的广泛测试。

新 "休伊"

美国海军陆战队的直升机，像海军一样，正在以前所未有的规模进行着升级。在帕塔克森特河航空站实施的对贝尔公司H-1直升机的升级计划，拥有一个贝尔公司与政府联合组成的140人的强大综合试验团队，在新UH-1Y和AH-12 "眼镜蛇" 直升机的工程制造与研发阶段，专门用于现代化计划。这项工作最初的计划涉及改造280架UH-1N和AH-1W直升机，使之达到极大改进后的新配置。然而，执行的速度和成本方面的考虑使该计划转向一个新的建造计划。

对H-1直升机的升级用于解决电力和疲劳问题，同时引入新性能——它使两型直升机具有高达84%的通用性。2架UH-1Y和3架AH-12直升机在帕塔克森特河航空站实施了从操控测试到武器测试的所有项目。首次舰上试验在 "巴丹号" 两栖攻击舰（LHD-5）上实施，在弗吉尼亚海角的昼夜行动中完成了近30个飞行小时267次起降。

这两型直升机那时正在就 "上舰" 进行性能试验。作为飞行试验的结果，这两型直升机将带着一系列改进提案进入到一个重新配置阶段。升级后的H-1拥有泰雷兹公司生产的 "TopOwl" 头盔式瞄准系统和玻璃座舱。"TopOwl"

系统将可用于AH-1Z直升机上的机炮和AGM-114"地狱火"导弹，以及UH-1Y直升上的2.75英寸火箭和机身侧面安装的机炮。通用电气公司生产的T700引擎和复合材料旋翼毂提供了惊人的新性能，能够使航程或负载成倍增加。

2005年10月，海军陆战队和海军航空系统司令部接收了首架AH-1Z和UH-1Y直升机，用于2006年年初在帕塔克森特河开始进行的作战能力评估。

上图：在"巴丹号"两栖攻击舰（LHD-5）上进行首次舰载行动测试期间，一架UH-1Y直升机正在着舰。（美国海军）

下图：海试期间，位于"巴丹号"两栖攻击舰（LHD-5）甲板升降机上的AH-1Z和UH-1Y直升机。注意这两型直升机上重新设计的水平方向的引擎排气装置。（美国海军）

上图：该MH-60R直升机(机号166404)是西科斯基公司小批量试生产的第三架新机，将用于在帕塔克森特河航空站由HX-21中队实施的飞行试验。（杰米·亨特/AVIACOM公司）

上图：2005年2月，在大西洋水下武器试验与鉴定中心巴哈马群岛基地，一架HX-21中队的MH-60R直升机正部署投吊式声呐以完成其技术鉴定中最后的声学试验阶段。（美国海军）

下图：在由HX-21中队进行飞行试验期间，一架MH-60S在一个简易场地着陆。该型飞机将被用于美国海军特种作战。（美国海军）

上图：在大西洋试验靶场切萨皮克湾限制区上空进行昼间飞行试验期间，HX-21中队的杰夫·法林中尉按下紧急投放按钮，从载运状态释放一部试验用AN/AQS-20机载声呐。（美国海军）

上图：帕塔克森特河航空站搜救小队使用这架UH-3H"海王"直升机。它也可用于评估新的水上救援技术。（美国海军／詹姆斯·达西）

上图：HX-21中队还使用TH-57C直升机用于追踪摄影任务及持续训练。（泰德·卡尔森／Fotodynamics公司）

上图：美国海军正在对西科斯基公司MH-60直升机群实施一个12年期的合理化调整，将会把直升机群从3个调整为2个，并将直升机中队的数量从6个增加到31个。直升机海上攻击中队将使用4架来自航空母舰的MH-60R直升机和8架来自护航巡洋舰和驱逐舰的MH-60R直升机。直升机海上战斗中队将使用6架来自航空母舰的MH-60S直升机和2架来自为战斗群服务的后勤船只的MH-60S直升机。其他5个直升机海上攻击中队将扮演远征军的角色，将其MH-60R直升机以小分队的形式部署在巡洋舰、驱逐舰和濒海战斗舰等作战舰艇的远征打击群中。MH-60R直升机还将取代2个直升机扫雷中队使用的MH-53E"海龙"扫雷直升机，但关于此事确切的计划还悬而未决。（泰德·卡尔森／Fotodynamics公司）

左图：美国海军陆战队要接收23架阿古斯塔维斯特兰公司与洛克希德·马丁公司联合研制的VH-71A(US101)直升机作为总统专用直升机。该型直升机将会由HX-21中队进行广泛的测试。（US101小组）

133

帕塔克森特河航空站的无人机

帕塔克森特河航空站正在进行的评估计划中相关的无人机型号不少于8个，反映出在军事航空的某些方面无人驾驶将成为必然。其中，诺斯罗普·格鲁曼公司的RQ-8A"火力侦察兵"已开始进行舰载试验，在其2004年首飞后，"全球鹰"海上验证机，作为海军航空系统司令部无人机计划（PMA-263）的一部分，现在如约现身于此。保罗·摩根上校说："这不只是一架飞机，而是一个系统。这个海上验证项目是为了在其选择的演习中支持舰队以完成广域海上监视无人机系统的战术和程序，这是后续的事情。"RQ-4在这里的验证要持续数年，作为一种提供持续的情报、监视和侦察的装备，海军结合舰队演习来对其高空长航时无人机系统性能进行评估。"全球鹰"赋予舰队超视距侦察能力，其传感器阵列能够反馈重要信息。"先锋"无人机或"火力侦察兵"无人机能够实时传递有用的数据，而"全球鹰"无人机的数据量更大得像是尼亚加拉大瀑布。

下图：一名海事安全部队的士兵从驻帕塔克森特河航空站的VX-1中队一架MH-60"骑士鹰"直升机上滑下，练习快速索降。（美国海军）

下图：一架VX-1"先锋"中队的MH-60R直升机在作战试验期间发射"地狱火"导弹。（美国海军 / VX-1中队）

VX-1 "先锋"中队

驻帕塔克森特河基地的VX-1"先锋"中队始建于1943年4月1日，作为VX-20和HX-21两个中队的补充，一直负责为美国海军反潜战和特种任务飞行器的武器和系统进行测试和评估。该中队直接负责反潜战战术原则的持续改进和训练程序的修改。该中队在第二次世界大战期间成立，最初被用于协助应对德国潜艇群的威胁，自1973年起一直驻在此地。到了20世纪50年代，该中队飞多种类型的飞机，如P2V"海王星"、AD-1"空中袭击者"和S-2"搜索者"，于1969年1月被命名为"第一航空测试与评估中队"。

今天，VX-1"先锋"中队继续通过对MH-60R、MH-60S和KC-130J等最新的飞机进行测试与评估以及对E-6B、EP-3E和P-3C等飞机进行持续升级来对海上作战提供支持。VX-1中队还推动水面战、机载反水雷、对水／地面的延伸攻击及电子战的前沿技术和战术发展。2005年，在史密斯上校——一名有着不可思议的3500飞行小时数的SH-60B飞行员——的指挥下，随着MH-60R直升机向着"里程碑Ⅲ"计划和全速生产迈进，该中队深入参与了MH-60R飞机的作战评估。VX-1中队正在对MH-60R直升机的多模式雷达、电子支援设备、雷达告警接收机、机械吊放声呐和声学设备进行评估。"作战评估将为VX-1中队的飞行员和操作员提供一个机会，对MH-60R直升机显著增加的范围、精确度和战斗力进行全面评

下图：在中国湖基地参加测试期间，两架"罗密欧"（MH-60R）直升机在特罗那石林上空飞行。（美国海军／VX-1中队）

下图：帕塔克森特河基地的西科斯基公司SH-60直升机编队。（美国海军／VX-1中队）

估，"多任务直升机项目经理保罗·格罗斯克拉格斯上校说。

至于该中队的固定翼飞机，随着开发测试和作战测试的合并，大量的实验和研究已经与VX-20中队一起开展。在2005年年底，一种使用红外线传感器的新型导弹探测系统成为为KC-130J开发的联合项目。该中队也参与了早期的综合试验计划，与波音公司和VX-20中队一起开展用P-8多用途海上飞机取代P-3"猎户座"的相关工作，预计运行到2012年。虽然确切的项目因对飞机选择的疑虑还尚未被全面定义，但为EP-3E"白羊座"情报、监视与侦察平台更

换的航空通用传感器也进入了测试计划的早期阶段。该项目正与美国陆军联合开展，因为陆军需要更换RC-12飞机上的"护栏"通用传感器。

海军延续了其培养一些世界最优秀的试飞员来操纵最先进飞机的传统。帕塔克森特河基地不仅要完成这一任务，还要在工作场所适应这些专业知识。航空创新的绝对数量和种类使该基地有别于世界上任何其他基地。帕塔克森特河基地让美国海军确信，他们在不断地反映战区现代空战中最实用、最先进和最有效的东西。

下图："魔鬼"的工作——VX-31中队的指挥官比尔·丘博（2005年9月卸任）驾驶他的F/A-18F飞机，带领着他的继任者，紧随其后驾驶F/A-18E飞机的指挥官蒂姆·莫里，执行来自中国湖基地的任务。（杰米·亨特／AVIACOM公司）

第五章

中国湖基地

"沙漠魔鬼"和"沙漠吸血鬼"

　　当想到美国海军的工作场所时，加利福尼亚州干旱的莫哈韦沙漠一定不是首选。然而这个地区一直与军方的飞行试验有关，全年的好天气和荒凉的地貌为这些活动提供了一个理想的环境。这片崎岖的沙漠地区中坐落着多个著名的设施，如位于帕姆代尔42号设施的洛克希德·马丁公司的"臭鼬工厂"，当然还有爱德华兹空军基地。这里也有美国海军，在靠近里奇克莱斯特沙漠小镇的地方——隐蔽在沙漠底部，看得见雄伟的内华达山脉，这就是中国湖海军空战武器站。这个重要的海军基地是海军空战中心武器分部，一个庞大的科学实验室和试验设施综合体的所在地，也是驻有两个重要试飞中队的阿米蒂奇基地的

所在地。每天，VX-31"沙漠魔鬼"中队和VX-9"吸血鬼"中队开始一波又一波的任务，在广阔的中国湖基地测试最新的系统和武器。中国湖基地的靶场挑战着新武器系统，每天被先进弹药蹂躏，致力于确保美国海军和海军陆战队处于领先地位。与其兄弟单位穆古角基地一样，中国湖基地显然对美国现代海军起到独特而重要的作用。

　　中国湖基地被这里的人员亲切地称为"湖"，无疑是现存的最令人印象深刻的军事设施之一。它的位置令人印象深刻，它的保密性令人印象深刻，它的重要性令人印象深刻——它被令人印象

深刻的光环笼罩着。中国湖基地是美国海军的宝贵资产。对于海军航空系统司令部而言，它是一个完整的测试与评估设施，拥有超过100万英亩的沙漠和整洁的空域。为数不多的酒店挤满了承包商和前来访问的军方人员，而"Charlie's"休闲酒吧成了一个圣地似的地方，挂满了来自来访中队的照片和纪念品。

美国海军初来这里是在1943年第二次世界大战期间，当时海军军械试验站成立以测试由加州理工学院开发的火箭，美国海军也需要一个用于所有航空弹药的新试验场。中国湖基地在建成一个月后就开始进行试验，因为中国湖基地和因约肯市周围人烟稀少的沙漠被证明绝对适合秘密进行新武器的开发与评估。随着军用和民用的混合，海军军械试验站的工作迅速扩大到对包括导弹、鱼雷、枪炮、炸弹、引信甚至美国航空航天局的软着陆月球车的研究、开发、测试和评估。

1967年7月，中国湖基地和加州的海军军械实验室，组成海军武器中心，

下图：一架VX-31中队的波音公司F/A-18F"超级大黄蜂"战机（无线电呼号"Coso 51"）翱翔在白雪皑皑的内华达山脉上空，由指挥官"兽医"舒梅克少校和坐在后座上的指挥官比尔·丘博一起驾驶。（杰米·亨特 / AVIACOM公司）

并于1971年合并在中国湖的各种活动。在接下来的几年里，A-4"天鹰"、A-6"入侵者"和A-7"海盗"等几种产量最大的飞机经过这里的打磨，使美国海军攻击舰队的能力越来越强。1992年1月，位于中国湖基地的海军武器中心和位于穆古角基地的太平洋导弹试验中心被废止，并合并为一个单独的司令部，即今天的海军空战中心武器分部。海军空战中心必须是"多才多艺"的，才能够完成由海军航空系统司令部首长分配的众多不同类型的和具有挑战性的项目。

在武器开发方面，如今的武器分部拥有令人印象深刻的业绩，在集束武器、"战斧"巡航导弹、激光制导的"智能"炸弹、GPS制导的联合直接攻击弹药，以及许多知名的弹药如"百舌鸟"导弹、高速反辐射导弹、"不死鸟"导弹、"白星眼"制导炸弹、"小牛"导弹和"麻雀"导弹等的开发方面扮演了领跑者的角色。著名的"响尾蛇"热寻的空对空导弹也是在这里开发出来的，由这一非常成功的武器衍生出的后代都由中国湖基地的试验飞机实施

携带和发射试验。分布在这里和穆古角基地的武器分部能够承担完整的武器开发流程，从基础研究和应用研究直到原型和作战应用。在这里不只有被测试的武器，电子战、威胁探测与干扰、夜间攻击系统、弹射座椅和降落伞等项目很好地说明了这些海军试飞员所炫耀的多种多样的任务。

1995年5月8日，因司令部重组，驻中国湖基地负责开发测试的主要飞行试验中队被称为"海军武器试验中队"，2002年5月又增加了"航空测试与评估中队"的称呼，与中国湖基地单位一起成为VX-31中队（第31航空试验与评估中队），绰号"沙漠魔鬼"。武器分部

上图：飞行在中国湖基地上空。几架VX-31中队的战斗机低空掠过这个著名的基地。（杰米·亨特／AVIACOM公司）

的这支精锐部队在测试与评估、与制造商和承包商合作支持美国海军舰队方面有着悠久的历史。驻中国湖的试验单位主要担负的项目有电子战、威胁探测、干扰、夜间攻击系统、弹射座椅和降落伞。这里的武器分部承担完整的武器开发流程，从基础研究和应用研究直到原型和作战应用。

上图：越过VX-31中队和VX-9中队的跑道，可看到远处雄伟的内华达山脉。（杰米·亨特/AVIACOM公司）

上图：一架执行试验任务的VX-31中队的F型"犀牛"战机挂载着AIM-7导弹，打开全加力冲出中国湖基地。（杰米·亨特/AVIACOM公司）

上图：作者在"沙漠魔鬼"中队"214"号F/A-18F飞机的后座上，准备从中国湖基地的21号跑道起飞。毫不夸张地说，"超级大黄蜂"的加速很轻快，全加力起飞时明显感到背部的推力。（杰米·亨特/AVIACOM公司）

上图：一名"沙漠魔鬼"中队的试飞员爬入他的"犀牛"飞机去执行试验任务。（杰米·亨特/AVIACOM公司）

"魔鬼"的工作

VX-31中队稳定维持着约25架布满仪表的飞机用于保障其任务，包括大约15架波音公司的F/A-18A到D"大黄蜂"飞机及F/A-18E/F"超级大黄蜂"

飞机，5架波音公司AV-8B"鹞II"式飞机，1架贝尔公司的AH-1W"眼镜蛇"直升机，1架T-39"军刀"教练机，2架费尔柴尔德公司的"梅特罗"客机以及3架贝尔公司的HH-1N搜救直升机。该中队的飞行员日志所记录的试验和培训用飞行时间每年几乎达到4200个飞行小时，其中大多数用于飞机武器集成项目。

2004年，该中队的指挥官是比尔·丘博，他的中队被海军航空系统司令部发出的航空任务指令填满，从对一个需要注意的问题的简要概述，到一个他们要管理的项目的精确组成部分，与制造商合作或作为一个独立的实体，对该中队任何东西都做出了规定。该中队所承担的工作的性质意味着机组人员中有毕业的试飞员，也有经验丰富的舰队飞行员，这样可得到关于项目有效性的广泛意见。VX-31中队的任务与VX-23中队的任务不同，帕塔克森特河基地飞机分部的VX-23中队的主要任务是对飞机系统、飞行质量、性能、武器分离安全和舰载适用性进行测试与改进。正如指挥官比尔·丘博所说："因为海军空

战中心武器分部是由开发试验中队组成的，VX-31中队的主要任务是在我们各种武器平台上集成软件与武器系统。目前正在VX-31中队开发的方案和武器系统具有极大的多样性，如先进反辐射导弹、AGM-154联合防区外武器、具有增强反GPS干扰能力的联合直接攻击弹药，以及雷声公司的AIM-9X导弹"。

对于美国海军来说，AGM-88E先进反辐射导弹是一个相当重大的项目，是AGM-88高速反辐射导弹的改进型。先进反辐射导弹具有新型的双模导引头，即使雷达关机也能够瞄准雷达位置，对高速反辐射导弹而言是性能的巨大飞跃，是减少附带损伤的关键。海军已经为AGM-88E先进反辐射导弹的多模导引头展开了对毫米波雷达样机的受控运载飞行试验，而开始于2004年10月的测试方案，已经于2005年3月进入初步设计审查，接下来还要在2006年3月进行一次关键设计审查。耗资2.28亿美元的先进反辐射导弹项目的成果将于2008年进入作战评估，并将于2009年挂载到强大的F/A-18C/D和F/A-18E/F"大黄蜂"系列战机上形成初始作战能力。

上图："魔鬼"的游乐场——在欧文斯谷北边的绝妙背景上空，一架VX-31中队的F型"犀牛"战机来了一个猛烈的左转弯。（杰米·亨特／AVIACOM公司）

狂野的"犀牛"

VX-31中队2005年的大部分工作与海军最大最新的打击战斗机——波音公司的F/A-18E/F"超级大黄蜂"有关。"超级大黄蜂"战机，也被昵称为"犀牛"，对海军所需的灵活和强适应性来说是一种具有成本效益的解决方案，脱胎于对超越"老式""大黄蜂"战机的负载和航程能力的要求。"超级大黄蜂"战机很快取代了现役的格鲁曼公司的F-14"雄猫"战机，还取代了一些

舰载机中队部分"老式"的"大黄蜂"战机。"超级大黄蜂"已经显示出其价值，它在作战中精确地打击目标，它正在取代S-3B"北欧海盗"用于加油机，并且它还被提出在未来取代海军舰队中的EA-6B"徘徊者"飞机。"超级大黄蜂"具有巨大的发展潜力，也正因为如此，随着它的成熟，将不断接收丰富的新技术。

"沙漠魔鬼"中队从一开始就深入参与了"超级大黄蜂"的开发和试验

上图：高高翱翔在山脉之上，远远回望沙漠和欧文斯干湖，一架F/A-18F巡航在差异如此之大的地形上空。（杰米·亨特／AVIACOM公司）

工作。指挥官丘博，一名前 F-14 战机的雷达拦截官，谈道："对于'超级大黄蜂'，目前意义重大的项目包括所有软件模块升级、APG-79 有源电子扫描阵列雷达、F/A-18F（F/A-18D）后座联合头盔提示系统、EA-18G 引入工作和可共享侦察吊舱。'超级大黄蜂'挂载的所有武器必须在作战试验（与 VX-9 中队一起实施）前完成开发试验。""超级大黄蜂"计划中一个重要的新武器是洛克希德·马丁公司的联合通用导弹。该导弹经受了用于摧毁城市目标的战斗部穿透测试，并且正在被用于开发下一代多用途空对地精确导弹，以取代"地狱火"、"长弓"、"小牛"和机载"陶"式导弹。然而联合通用导弹的开发之路远非一帆风顺，许多计划被终止。

　　"超级大黄蜂"的最新雷达使用了雷声公司的APG-79有源电子扫描阵列

灵敏波束雷达，这是海军喷气机第二期升级计划中的一部分。APG-79雷达将从2007年起取代目前新生产的"超级大黄蜂"上安装的APG-73雷达，并且还将用于已有飞机的改装。由于为适应新的有源电子扫描阵列雷达而重新设计了前机身，所以第26批之前生产的飞机将需要修改结构来适应新雷达。该计划于2004年进入工程制造与开发阶段，并计划于2006年春天由VX-9中队实施作战评估。具有多种模式的APG-79雷达显著扩大了目标探测范围，使空对空导弹能在最远距离发射，并且它能够几乎同时工作在空对地模式进行测绘和特征识别。除了用AIM-120先进中程空对空导弹对该新型雷达进行测试外，2005年为配备了有源电子扫描阵列雷达的试验用F/A-18F进行的试验包括投掷两枚2000磅的联合直接攻击弹药，两枚炸弹的打

143

击目标分别位于机身的对侧，炸弹需交叉飞行，这是"犀牛"第一次进行这样的试验。

可共享侦察吊舱系统被设计用于取代F-14"雄猫"战机的战术空中侦察吊舱系统，并于2002年被批准进行低速率初始生产，许多早期的吊舱被及时配备到VFA-14和VFA-41战机上用于"伊拉克自由"行动。指挥官查布说："这些传感器放在一起，就是数据链。我们在试验期间在F/A-18E上测试它，而原计划是只在F型上使用。机械化的方式意味着由于有能力预先计划任务并将它们

装载在可共享侦察吊舱中，这就是一个可靠的单座型任务。"

关于"超级大黄蜂"的另一项重大计划是雷声公司的ASQ-228先进前视红外瞄准吊舱。在2002年机队准用之前VX-31中队已完成第一阶段能力的开发试验，并且海军初步部署了预生产型吊舱，还及时接收了一批经重大改进过的小批量生产的先进前视红外瞄准吊舱用于"伊拉克自由"行动。"超级大黄蜂"还能够携带为其进行了适应性改造的老式AAS-46吊舱。

先进前视红外瞄准吊舱从根本上增

下图：指挥官"鳗鱼"蒂姆·莫里驾驶他的F/A-18E以密集队形飞行，这是一个对"超级大黄蜂"的E型和F型进行比较的好机会。（杰米·亨特／AVIACOM公司）

强了"超级大黄蜂"的瞄准能力，还能够与联合头盔提示系统耦合，再与APG-79雷达配合使用，将提供惊人的全方位对地瞄准和成像能力。雷声公司还为先进前视红外瞄准吊舱引入了新的高速数据链，作为战场网络的关键节点"超级大黄蜂"项目所开发的核心能力，能够与非机载平台和地面部队共享数据。先进前视红外瞄准吊舱的新型Ku波段数据链在传输速度上有了极大提高，具有发展潜力用于全双工（双向通信）功能，与先进的加密系统一起为信息流提供保护。美国海军F/A-18项目经理唐·加迪斯上校评论说："在高流动性和动态的战场中，快速安全的通信无论在现在还是未来都是至关重要的，以确保瞄准正确的目标并且做出恰当的交战决定。"

下图：指挥官查布驾驶着"他的"个性化的F/A-18F飞机。（杰米·亨特 / AVIACOM公司）

下图：正在爬升的F/A-18飞机。（杰米·亨特 / /AVIACOM公司）

从"徘徊者"到"咆哮者"

指挥官查布曾说过，VX-31中队已经在为美国海军的下一代电子攻击机——被非正式地称为"咆哮者"的EA-18G飞机的引进研究而努力工作。这款飞机是F/A-18F的衍生型号，与F/A-18F具有90%的通用性，预计将取代EA-6B飞机，由VX-31中队实施的系统集成测试计划已经开始制订。该中队在该飞机的任务模拟期间已经完成对许多机组人员工作量的评估，并且正在为测试团队开发一个模型以确保向着开发试

145

上图："老鹰"詹姆斯·霍金斯中校正在操纵VX-31中队的TAV-8B"海鹞"飞机。该机深入参与了联合打击战斗机飞行控制系统的开发。（杰米·亨特／AVIACOM公司）

验和作战试验迈进的任务尽可能高效和流畅。"沙漠魔鬼"中队希望第一架试验用EA-18G飞机能在2006年11月交付给中国湖基地，之后很快就可以开始测试。作战能力评估安排在2008年8月，并于2009年形成初始作战能力。由于

第一架EA-18飞机（编号EA1）预计于2006年上天，舰队部署的日程表无疑将给VX-31中队带来一个繁忙的试验期。海军要求购买90架EA-18G飞机以到2012年将第三次改进后最新标准的EA-6B"徘徊者"飞机全部替换，为10个

下图："沙漠魔鬼"中队的F/A-18E和TAV-8B做分离动作。（杰米·亨特／AVIACOM公司）

上图：在中国湖基地附近具有独特色彩的欧文斯干湖上空，指挥官莫里和查布上校驾驶"超级大黄蜂"组成密集队形。（杰米·亨特/AVIACOM公司）

上图：莫哈韦沙漠的军事行动区全年都有良好的飞行天气条件。（杰米·亨特/AVIACOM公司）

航空联队（航空母舰航空联队）每个配备一个独立的5机中队，再加1个训练中队。该机具有很好的适应能力并能够携带武器挂载使用不同的武器组合去完成"角色改变"的任务，包括ALQ-99干扰吊舱、先进反辐射导弹、联合防区外武器、AIM-120先进中程空对空导弹和AIM-9X导弹。多用途的EA-18G飞机在理论上可能会参与更多的常规任务，根据需要为航空母舰的其他打击资源提供补充。

左图：一架VX-31中队的F/A-18F"超级大黄蜂"飞机已经挂载好用于试验任务的AGM-154联合防区外武器。（杰米·亨特/AVIACOM公司）

左图：携带联合防区外武器的"超级大黄蜂"从中国湖基地21号跑道起飞。该中队正在进行的项目和武器系统具有极大的多样性，正在开发的有AGM-88E先进反辐射导弹、AGM-154联合防区外武器、具有增强的反GPS干扰能力的联合直接攻击弹药和雷声公司的AIM-9X导弹。（杰米·亨特/AVIACOM公司）

左图：在炎热而微微发光的跑道上，1架VX-31中队的F/A-18F飞机加大功率跃入空中，去执行AIM-7集成测试任务。作为第一次升级的一部分，联合头盔提示系统被引入"超级大黄蜂"飞机。VX-31中队也已经被授权在后座舱使用该头盔。（杰米·亨特/AVIACOM公司）

上图：2005年9月，蒂姆·莫里担任VX-31中队的指挥官，图中他驾驶的F/A-18F飞机携带两枚用于试验的GBU-31联合直接攻击弹药在中国湖基地滑行。（杰米·亨特/AVIACOM公司）

上图：驾驶这架F/A-18F飞机的指挥官舒梅克少校，是VX-31中队参与"超级大黄蜂"飞机APG-79有源电子扫描阵列雷达项目的飞行员。（杰米·亨特/AVIACOM公司）

左图：美国海军和海军陆战队的试飞员与VX-31中队一起飞行，像美国空军一样，美国海军也正将开发试验与作战试验进行整合，以去掉冗余试验、共享资源、更早的发现问题和减少新系统进入机队所需的时间。（杰米·亨特/AVIACOM公司）

下图：在月光的照耀下，VX-31中队无线电呼号为"Coso 51"的F/A-18F"超级大黄蜂"在内华达山脉上空爬升。这张照片摄于红杉国家公园内美国大陆的最高点、海拔14494英尺的惠特尼峰附近。（杰米·亨特/AVIACOM公司）

149

上图：由"老鹰"詹姆斯·霍金斯中校驾驶的VX-31中队TAV-8B飞机巡航在加利福尼亚州蔚蓝如洗的天空中。（杰米·亨特/AVIACOM公司）

"犀牛"的内部

"超级大黄蜂"的座舱内4台多功能显示器占据了主要位置。中央的多功能彩色显示器通常用于显示活动地图，其两侧是一对传统的"绿色"多功能显示器。机头控制器的触摸屏辅以一块宽视角平视显示器（只有双座的F/A-18F的平视显示器位于前面）在中间。F型飞机的武器系统官席位在后座，作为第二期升级的一部分，正在升级为装有一台8英寸×10英寸先进显示器的新的先进机尾成员席位。第26批及以后的F型飞机有新的后座舱功能。第27批飞机将安装8英寸×10英寸的显示器。第二期升级还将包括有源电子扫描阵列雷达、多功能信息分发系统和先进前视红外瞄准吊舱。

下图："超级大黄蜂"向北往"孤松"方向飞去，脚下的惠特尼峰在云层中若隐若现，这是美国最迷人的景色之一。（杰米·亨特/AVIACOM公司）

右图：这架VX-31中队的F/A-18F飞机携带着原先的"夜鹰"瞄准吊舱，而不是新的先进前视红外瞄准吊舱。先进前视红外瞄准吊舱从根本上增强了"超级大黄蜂"的瞄准能力，还能够与联合头盔提示系统耦合，再与APG-79雷达配合使用，将提供惊人的全方位对地成像能力。（杰米·亨特/AVIACOM公司）

左图：在VX-31中队的跑道上，这架F/A-18C"超级大黄蜂"正在接受若干新机型，以满足新的和未来机群的要求。服役的该型飞机最终将被F-35C联合打击战斗机所取代。（杰米·亨特/AVIACOM公司）

指挥官的看法

　　2005年年底，查布上校因晋升调到帕塔克森特河基地的新岗位。按照惯例，首席试飞员担任指挥官，因此经验丰富的试飞员指挥官蒂莫西·莫里成了指挥官，他说："很简单，作为中队的指挥官，我负责这里的一切。任务的完成、我们的人力和物力资源的保护、所分配人员的职业发展、健全的财务管理以确保我们是国家联邦基金良好托管人、海军规章制度的执行者，同时要维持良好的秩序和纪律。一天结束时，飞行试验的安全高效是底线。其他一切都是为达这一目标而绝对必要的。早些年，我们的前辈们通常是从头到尾飞新飞机。现在，新飞机更是经常来。当它们真的到来时，实时高保真的数据和现在的计算能力对这些数据分析的效果已经对建模与仿真产生了巨大的影响。我认为建模与仿真不能完全替代飞行试验，但它对飞行试验的贡献相比于早些年已是不容忽视的。今天我们承担的风险与早些年我们的前辈们相比要少得多。他们也曾失去了许多伟大的试飞员。"

　　"如今所开发的项目极其复杂，我们的飞机和武器系统高度集成，比50年代和60年代更难。许多试验项目奋斗到评估飞机依靠的是上百万行的代码；找到仿真与飞行试验的正确平衡，二者同时进行，以更快的速度和更低的成本来实施这些试验项目。经典的飞行试验技术仍然适用于基础的飞机性能和飞行质量，它们'在早些年'就已被开发出来了。但是对高度集成的飞机上复杂系统的测试是一项艰巨的任务。我们正在把开发试验与作战试验的飞行试验合并起来，以去掉冗余的试验、共享资源、更早发现问题，以及缩短新系统进入机队的时间。开发试验与作战试验的合并使我们的调度流程变得更复杂，而我们正在努力修改我们现有的流程。"

　　"毫无疑问，无人机是我们的未来。它们持续发展，而那里有许多问题仍需解决以使它们完全融入我们的战场。它们经过了战斗的验证，我认为我们才刚刚开始深入了解它们在战场上的效用。就最难忘的飞行试验而言，如果你问飞行员，答案里的一个共同的主题，将会是涉及极大挑战和遇到阻碍的试验。对我来说，它是一个不出名的试验项目，我们想知道如果移除FA-18飞机已有的内部油箱气压调节器是否会引起燃料囊的结构性问题。一位工程师来告诉我说他需要从50000英尺高空做90度的俯冲。我说'了不起，我支持你！'两天后，当我开始认真梳理哪些是需要得到的有用数据时，这位工程师提出了在没有燃料的情况下进行俯冲试验的额外要求。这个项目涉及特殊的燃料输送程序、仪表改造、合适的试验技术模拟器的开发、音爆所需的环保审批，由于现有人员没有做过接近90度的俯冲，所以要开发改出俯冲性能列线图，以及涉及90度俯冲特殊过载环境的飞行许可等问题。这很有趣，而最后，我们减轻了飞机的重量，增强了可维护性，并节省了大约2600万美元的生产成本。"

上图：一架"沙漠魔鬼"中队的F/A-18D"超级大黄蜂"携带"利坦宁"瞄准吊舱从中国湖基地起飞。"利坦宁"瞄准吊舱被证明是非常有效的，美国海军陆战队希望将它从原先的中心线挂载转变为可在D型"超级大黄蜂"的两侧挂架挂载。（杰米·亨特/AVIACOM公司）

改进老式飞机

　　指挥官里克·博瑟姆是一名经验丰富的海军飞行员，自从1984年加入海军以来，曾飞过A-7E"海盗"和F/A-18A到D型多种飞机。在VX-31中队，他深入参与了"老式""大黄蜂"飞机的试飞。"这是我第三次到中国湖基地任职。我在VA-174中队改飞A-7飞机，后来加入VA-37'公牛'中队，之后第一次来到中国湖基地，从1990年在VX-5中队飞A-7，后来又飞A-4'天鹰'飞机。改飞'大黄蜂'是在1991年2月，然后于1997年10月第二次来到中国湖在'沙漠魔鬼'中队工作。在'哈里·S.杜鲁门'号航母战斗群工作了一段时间后，我再次回到VX-31中队任副队长。我飞F/A-18A、B、C和D各型飞机的A和B类试验项目，这通常意味着每周要飞4~5次。我们为19C作战飞行程序而努力，忙着为美国海军和海军

陆战队的'大黄蜂'测试Link-16数据链、先进前视红外瞄准吊舱、联合头盔提示系统、新的战术活动地图、电子战能力升级和新的联合任务规划系统。我有两张'海军航空训练作战实践'资格证，意味着我还可以驾驶客运和货运飞机飞往我们位于穆古角基地的兄弟单位。"指挥官博瑟姆飞过的最有趣的任务是飞装有有源电子扫描阵列的"超级大黄蜂"目标飞机。VX-31中队有少量"干净"的F/A-18A，来充当高机动性目标以开发和测试新的雷达系统。像许多实施开发试验和作战试验的单位一样，VX-31中队越来越多地与同驻一地

的VX-9中队进行联合测试，查比上校说："接下来为'大黄蜂'系列飞机升级的两个软件（19C和H2E+）正开始进行综合测试与评估。APG-79项目已经受益于与VX-9中队一起利用这种到目前被证明非常有效的简化的试验程序进行的成功联合测试，并有可能更快更便宜地向舰队交付产品。"

在VX-31中队，引入新能力以保持美国海军陆战队的"大黄蜂"战机的强大成为一些有趣的项目关注的焦点。"肉干"丹尼·约翰逊是一名分配到该单位的美国海军陆战队的"大黄蜂"飞

下图：VX-31中队的F/A-18C配备有三联装弹射弹架和橙色的试验用AIM-9"响尾蛇"导弹。（杰米·亨特/AVIACOM公司）

左图：戴着联合头盔提示系统的头盔，指挥官里克·博瑟姆驾驶一架F/A-18C滑入中国湖基地的跑道。（杰米·亨特/AVIACOM公司）

上图：这架VX-31中队的F/A-18A喷涂了块状沙漠涂装，一直保留在位于内华达州法伦海军航空站的海军打击与航空战术中心的实力中。该机主要用于雷达的目标飞机和系留导弹试验。（杰米·亨特/AVIACOM公司）

上图："沙漠魔鬼"中队一架配备了AIM-7"麻雀"导弹的F/A-18F飞机刚完成武器测试任务返回，其两台通用电气公司的F414-GE-400引擎还在发出尖锐的嘶嘶声。（杰米·亨特/AVIACOM公司）

行员，他说："我们正在为D型飞机实施许多项目。我们有AIM-9X导弹，在后座有联合头盔提示系统，但Link-16数据链对我们所担负的近距离空中支持任务来说是大事，因为我们能够从前方空中控制官处得到'九条摘要'式的目标信息和图像。海军已经取消了联合空对面防区外攻击导弹项目，而我们目前正在利用一个新靶标的机会模式来测试联合防区外武器。我们还获得了GPS和激光双模式制导炸弹。'利坦宁'吊舱被证明非常有效，我们正在寻求将它的安装位置从原先的机身中线移到'大黄蜂'飞机的两侧挂架。"

上图："魔鬼队形"。VX-31中队的四机编队在中国湖基地上空为拍照而列队，指挥官查布驾驶编号"201"的F/A-18F在前面，中间是指挥官莫里驾驶的编号"200"的F/A-18E和指挥官博瑟姆驾驶的编号"306"的F/A-18A，最远的是霍金斯中校驾驶TAV-8B。（杰米·亨特/AVIACOM公司）

上图：指挥官蒂姆·莫里驾驶他的F/A-18E，带领驾驶TAV-8B"海鹞"飞机的"老鹰"霍金斯中校一起飞。"沙漠魔鬼"中队专门从事这两型重要战机的武器性能开发。"超级大黄蜂"已经在美国海军留下了印记并提供了许多能力。（杰米·亨特/AVIACOM公司）

156

左图：装备了APG-65雷达的AV-8B+飞机外观特征明显。海军陆战队使用了大约100架强大的该型飞机。（杰米·亨特/AVIACOM公司）

对"鹞"式飞机的试验

美国海军陆战队对AV-8B"鹞Ⅱ"式飞机的大部分试验由驻中国湖基地极具实力的VX-31和VX-9中队的飞行员实施，两个中队越来越像一个联合小组在工作。一名VX-31中队试飞员说："一旦产品达到合理的可靠性和成熟度，我们就邀请作战评估飞行员来试飞。这个过程可以早期发现可能的问题，这样这些问题能够在产品正式进入作战评估之前得到解决。"AV-8B飞机H2.0作战飞行程序最近已在中国湖基地完成，据詹姆斯少校讲，它将被引入舰队。作为传感器完全集成于"鹞"式飞机的"利坦宁"吊舱，允许弹药被用来对付吊舱所跟踪的任何目标，同时允许吊舱获取的目标坐标无缝传送到联合直接攻击弹药。该吊舱的激光现在可以用作目标上方信号源，可以提高轰炸精度，改善目标协调。"捕食者"无人机视频下行链路是一个安装在"利坦宁"吊舱内部的发射器，可将实时的视频流传送到"漫游者"地面站。该功能极大地改善了前方空中控制官和攻击机之间的通信，同时极大地减少了附带伤害和友军误伤的可能性。全新的升级还集成了500磅的GBU-38联合攻击弹药——小型城市精确炸弹。

下图：VX-9"吸血鬼"中队的AV-8B+"鹞"式飞机在滑行。（杰米·亨特/AVIACOM公司）

上图：在启动升过级的AV-8B飞机之前，比尔·罗瑟梅尔少校进行用时很长的座舱检查。该机特有的H4.0软件，通过使用数字式改进型三联装弹射弹架来获得额外的智能武器挂载能力以增加作战载荷。（杰米·亨特/AVIACOM公司）

下图："转向，转向……开始！"（杰米·亨特/AVIACOM公司）

据科珀史密斯少校说，下一次"鹞"式飞机将升级到H4.0。这将涉及通过使用数字式改进型三联装弹射弹架来获得额外的智能武器挂载能力以增加作战载荷，每个挂载点可携带一枚以上的激光制导炸弹。驻中国湖基地的AV-8B飞机"联合系统保障处"是美国海军陆战队"鹞"式飞机项目和意大利与西班牙的"鹞"式飞机项目的合办单位。他们在中国湖基地测试的大部分内容都是为这三个国家提供的，不过有时也为特定的用户进行特定的试验。一个很好的例子是AIM-120B先进中程空对空导弹的集成工作，就是在意大利和西班牙的需求基础上进行的。

下图：在一次训练任务中，VX-31中队的肯特·琼斯少校驾驶一架HH-1N搜索与救援直升机穿越中国湖基地附近的峡谷。（杰米·亨特/AVIACOM公司）

下图：该中队也使用这架特殊的T-39D飞机，该机可以配置不同的机鼻以装载用于导弹导引头技术的试验设备。（杰米·亨特/AVIACOM公司）

左图：沙漠宝藏——中国湖基地内报废飞机的容身之处。注意看，这里有1架B-29"超级空中堡垒"、1架RA-5C攻击机和1架在项目取消前为美国海军建造的最早的F-111B飞机。（杰米·亨特/AVIACOM公司）

在靶场

　　中国湖靶场综合体配备有精密雷达和激光跟踪系统，并辅以高性能摄像机网络，能够把图片和视频发回基地。高质量的网络能让分析人员跟随飞机从登机到靶场，观察它们发射实弹，然后看着它们（仍然是通过精确跟踪摄像机）一路回到机场跑道上！电子战靶场位于主基地东南约30英里的地方，可以对用于对抗或穿透防空系统的系统进行分析和开发。这里的电子战资源是提供给美国海军的主要资产，有一套完整的基于海上和陆地真实的和复制的威胁，包括地对空导弹，用于为电子战训练、试验、战术开发和特种作战增加真实感的跑道和机库。

　　电子战靶场的指挥与控制在不断地更新以正确反映当前世界的形势，那些使用这个靶场的人可以期待一个具有可怕威胁能力的聪明的对手。试验场景可能涉及飞机在飞行期间被多达四部目标指示雷达"描绘"，然后被移交给适当的目标交战位置。在仿真地空导弹或防空炮朝他们开打之前，机组人员和电子对抗套件只有几秒钟时间来应对威胁。靶场有一些防空陷阱，一架进入的飞机最多可能被12部交战雷达跟踪，这使得反应时间成为关键。因为具有如此的高质量，中国湖靶场吸引了越来越多的客户，驻爱德华兹空军基地的试验单位成为重要用户。英国皇家空军也是常客，其高速喷气机武器作战评估单位每年都会来。对于实弹武器和电子战武器测试的扩展期而言，拥有其所需资源的中国湖基地是一个理想的场所。

　　这里的先进武器实验室是基地中部一个巨大的机库，容纳着独一无二的F/A-18"大黄蜂"武器系统支援设施，用于对所有类型的"大黄蜂"飞机新任务组合进行评估。这个机库的显著特征是其外部108英尺高、与"大黄蜂"任务传感器配套的天线塔。武器系统支援设施采取先进模拟器的形式，与实验室和中国湖基地及穆古角基地靶场相链接。这意味着除了与实弹武器"实时"接口外，对于电子战场景，或实际的空中飞机，理论上武器系统支援设施可攻击真实或模拟的目标，作为所有可能的前线行动的先遣队来研究和改进"大黄蜂"飞机的任务。

"吸血鬼"的价值

　　中国湖基地的整个航线都有第九航空测试与评估中队（VX-9）的身影，正如前面所提到的，这是个负责对美国海军和海军陆战队攻击机的新型武器系统进行作战评估的中队。该中队1993年由驻穆古角基地的VX-4中队和驻中国湖基地的VX-5中队合并而成，在中国湖基地实施了对"大黄蜂"、"海鹞"

上图：一架F/A18D飞机从中国湖基地VX-9"吸血鬼"中队有年头的机库前滑过，这个机库的历史可追溯到第二次世界大战。（杰米·亨特/AVIACOM公司）

和AH-1"眼镜蛇"等飞机的试验，并且在穆古角基地长驻一支F-14"雄猫"分队，以承担原先VX-4中队的职责。由于中国湖基地的活动成为全单位工作的重点，驻穆古角基地的F-14"雄猫"分队于2004年黯然结束。

中队的职责包括对战斗机、攻击机、电子战攻击机进行实际的作战评估，开发其所使用的战术程序。这使得该中队的工作日程安排极其繁忙，对于该中队的机队来说，有40多个重大项目可能会在任何给定的时间内开展。与VX-31中队不同，这里的机组人员主要是直接来自于舰队飞行员，有着最新的

舰队经验，可对新系统进行实际的作战评估。试验的结果将会以试验报告和建议的形式提供给舰队。

该中队通常会在一开始就参与新项目，在初始作战试验与评估的工作流中输入早期思想。随着VX-31中队进行的开发试验项目获得进展，VX-9中队将为正式的作战评估阶段做好准备。这是极具多样性和挑战性的任务。

2005年领导VX-9中队的是布鲁斯·费什特上校，他说：

"我的职责是确保我们的作战试验项目有效和高效地运行，用最短的时间为舰队获得最佳的系统。还要确保海军、

上图：一名"吸血鬼"中队的"超级大黄蜂"飞机飞行员驾机在中国湖基地附近的帕纳明特谷上空实施低空跃升机动。该飞机在取得舰队作战许可之前，正在对可共享侦察吊舱系统进行试验。可共享侦察吊舱是一种多功能侦察吊舱，适应多个空中平台用于战术空中侦察。（美国海军/指挥官兰·安德森）

海军陆战队和平民在积极的富有成效的环境中工作。我们的日常工作是在不同的地点在多种平台上测试众多的系统。作为指挥官我的职责是领导和协调这些不同的派系，确保我们在业务工作上支持舰队，我相信我们现在从事的飞行试

验工作更加专业。"

"我们新的任务规划系统'联合任务规划系统'也面临许多新挑战。它曾出现了许多软件问题，造成了一些挑战和延误，因此减缓了我们对最终产品的测试。它还遇到一些财政上的限制，使我们难以把人员送到舰队所在的位置并开会整理我们发现的问题。幸运的是很多专业人员投入了额外的时间和智慧，终于搞出了一个我们认为在对机组人员的实用性方面有一定的自信、可以交付舰队的产品。最终，它将是一个比我们目前使用的系统好得多的系统，所以我们正在努力实现它并让它飞上天空。甚至就在我谈论这个话题时，我们有几个人正在航母上工作，在实际环境中进行测试，以确保在那些紧张环境下的可靠性。"

"我们在精简开发试验与作战试验的过程中有所取舍。我们必须尽早地介入这个需要时间、金钱和人际交往技巧的过程，而通常我们不会将此分配到那部分测试周期。而回报则是我们取得了更好的作战试验，并能够比以前早得多地发现那些我们想要找到变化的问题或方法。我们相信，从长远来看，这样能

节省时间和金钱，因为我们能够很快获得努力所带来的增效作用。在我们的联合开发试验与作战试验空对空分队在'老式''大黄蜂'飞机上测试19C软件期间，我们看到了合并真的有利于许多不足之处的快速转变。我们可以在我们所需要的作战场景中对它进行试验，而开发试验人员与我们一起飞，然后可以对问题进行近实时的汇总并可立即开始制订解决方案。很高兴看到计划能整合到一起。我对未来的希望是，在我们把资产投入到任何特定测试之前，缩短测试时间表，并确保优先满足舰队的需求。另外我想要确保任何新系统都符合

未来战争以网络为中心的思想并自由有效地交换数据。以这样的方式，我们正在为未来的系统汇集思想，如联合无人空战系统和联合打击战斗机。"

费什特上校还说："我有许多难忘的试验任务，包括投掷炸弹、发射导弹或发挥新系统的所有性能，所以很难说哪一个最难忘。有一个美好的回忆，是在VX-9中队任职早期关于我参与的一次F-14飞机的试验。在那个非常的时刻，那架'雄猫'正为其在第8舰载机联队的最终部署完成最后的测试。它必须完成'不死鸟'导弹的发射，而我实际上参与了发射靶标并迅速远离以便让

下图：从中国湖基地起飞的VX-9中队的F/A-18E"超级大黄蜂"携带着AIM-9X导弹飞行。该中队为海军和海军陆战队独立实施武器系统作战试验和为任务制定战术和程序。（杰米·亨特/AVIACOM公司）

上图：著名的"花花公子兔"标志被喷涂在VX-9中队的"超级大黄蜂"飞机上。中国湖基地 VX-9中队的飞行员最初取得"超级大黄蜂"的飞行资格是在1999年，之后，该中队使用该飞机 在"约翰·C. 斯坦尼斯"号航空母舰上通过了为期两周的昼夜作战行动。在这里机组人员作为 航母航空联队的一部分使用和维护"超级大黄蜂"。（杰米·亨特/AVIACOM公司）

射手有一个'绿灯'（净空）的靶场。 那是个令人愉快的场面，机组人员、靶场控制人员和所有的系统都有条不紊地工作着。我能看见2枚巨大的'不死鸟'导弹最后一次点火，而作为一名从很久以前就飞'雄猫'战机的飞行员，托它的福，让我看到了这匹'老战马'拼到了最后一刻。像多年来其他平台一样，'雄猫'完成了测试，我们也转而对新的系统进行试验。作为如此独特的单位的一分子，作为共同磨砺并测试'矛尖'的专业性很强的飞行员和地勤人员群体的一分子，我由衷地感到高兴

和骄傲。"

对于VX-9中队，为了测试而部署到航母航空联队是习惯做法，与前线单位的相互交流非常多，这是"吸血鬼"中队的使命所在。一旦基础工作完成，如果项目成功，中队的工作人员就撰写报告、制定战术，并为舰队使用编写手册。然而，如果项目不能让测试团队满意，测试团队就会说："不，我们不建议引进，要么不采购，要么改进它。"该中队执行的任务与常规舰队飞行员所做的工作一样，使问题暴露，而这里大部分机组人员都是常规舰队飞行员。

很明显，在把新技术带入美国军队的过程中，中国湖基地及其基础设施具有非常特殊的作用。2004年9月，一条建议被转发给美国国防部长唐纳德·拉姆斯菲尔德，把中国湖基地、爱德华兹基地和穆古角基地的设施合并为联合航空研究、发展、测试与评估中心，然而，基地改组及终止委员会的调查结果却强调了这些设施确实非常重要。

上图：阿米蒂奇机场——VX-9中队及其兄弟单位VX-31"沙漠魔鬼"中队的大本营。（杰米·亨特/AVIACOM公司）

下图：对波音公司的"超级大黄蜂"飞机的初始作战评估始于1999年5月，并持续了6个月。VX-9中队的工作人员将其置于代表作战应用的一系列复杂而多变的战术任务中，飞行超过700个架次，以确定该飞机作战的效果和适用性。（杰米·亨特/AVIACOM公司）

上图：在作战试验任务间隙，"吸血鬼"中队的"大黄蜂"飞机停在中国湖基地跑道上。（杰米·亨特/AVIACOM公司）

左图：VX-9中队为海军和海军陆战队进行作战试验与评估，并且其飞行员也来自这两个军种。（杰米·亨特/AVIACOM公司）

下图：在试验期间，VX-9中队的军械师准备把AIM-7"麻雀"导弹挂载到F/A-18E飞机上。该中队经常从中国湖基地前来参加逼真的训练演习。1999年在内利斯基地，该中队在"红旗"演习中首次使用"超级大黄蜂"飞机。（杰米·亨特/AVIACOM公司）

上图：低飞在"山脉"中，一架VX-9中队的F/A-18C战机在试验期间低空飞行。（美国海军／怀特赛德少校）

上图：2005年，"吸血鬼"中队完成对第三次改进能力的EA-6B"徘徊者"战机的作战评估。它包括让"徘徊者"到航母进行舰载测试以评估它对所有类型行动的适应性。图中的飞机在"亚伯拉罕·林肯"号航母（CVN-72）上拦阻着舰。（美国海军／刘易斯·亨塞克）

右图：在内利斯基地靶场上空，一架VX-9中队的EA-6B"徘徊者"飞机靠近一架美国空军的KC-135R加油机，准备接收燃料。VX-9中队已不再有专用的"徘徊者"飞机，在需要的时候从作战中队借用。（理查德·科伦斯）

上图："吸血鬼"中队一架无挂载的"大黄蜂"D型战机滑过中国湖著名的空中交通塔台和机库。（杰米·亨特/AVIACOM公司）

"吸血鬼"的历史

今天的"吸血鬼"中队由多个起源演变而来，随着作战飞机目录缩减为少数重要机型，该中队的规模也已收缩。驻中国湖的这个单位实际上始于驻海军航空站莫菲特机场绰号"吸血鬼"的第5飞机开发中队（VX-5），早在1951年就使用道格拉斯公司的"空中袭击者"战斗机为机载特种武器的交付进行战术和技术的开发与评估。随着这项重要工作的开展，该单位的任务也扩展到新机型上，并于1956年7月迁至中国湖基地，以利用这里既有的独特的靶场与仪器设备。

1993年，该中队与来自加利福尼亚州穆古角基地的兄弟中队，著名的VX-4"评价者"战斗机评估中队合并，形成VX-9"吸血鬼"作战测试与评估中队。穆古角基地保持有一个固定的F-14分队以继续"雄猫"战机的作战试验。然而，随着"雄猫"战机接近服役终点，"穆古角分队"于2004年被解散，

下图：VX-4中队著名的黑色F-4J"万迪1号"战机发射"祖尼人"火箭弹。（米克·罗斯）

中国湖基地就成了"吸血鬼"中队的大本营。

VX-9中队穆古角基地F-14"雄猫"战机分队前任指挥官史蒂夫·莱斯利少校谈到分队解散前该中队担负的关于F-14战机的重要工作时说："我们执行'雄猫'战机所有的空对地和大部分空对空试验任务。首先，我们会发布任务说明，基本上勾勒出一个新系统的轮廓，以便我们去评估它对于舰队的用处。我们决定中队将如何使用它，全天候检验它是否适合舰载，盐雾是否对它造成不良影响，是不是易于维护保养，

我们会不会真的陷入困境，它是不是基本达到设计要求？F-14战机最初被设计为具备空对地能力，由于该机承担舰队防御责任，A-6'入侵者'战机就成了首要的攻击平台。A-6退役后，'雄猫'面临被'大黄蜂'取代的危险。为了让'雄猫'在舰队中'活'下去，其多用途的才能需要被发掘。在帕塔克森特河基地进行的初步试验一结束，我们就接触'入侵者'和'大黄蜂'团队，适应它们的战术以使'雄猫'具有强大的多任务能力。"

左图：VX-4"评价者"中队飞过美国海军所有型号的F-4"鬼怪"飞机，在作战条件下对该型飞机进行测试。图中，VX-4中队挂载着"祖尼人"火箭弹吊舱的黑色F-4J"万迪1号"和白色的F-4J"万迪5号"战机（喷涂了著名的"花花公子兔"标志）编队飞行。（米克·罗斯）

上图：时光荏苒。早在1972年，VX–5中队管理着不同配色方案的多种型号的飞机。图中A–4M "天鹰" 飞机的照片拍摄于1972的中国湖基地。（米克·罗斯）

上图：VX–5 "吸血鬼" 中队一架质朴的格鲁曼公司A–6E "入侵者" 战机挂载着 "灵巧" 炸弹。（米克·罗斯）

上图：该照片摄于1975年，图中一架来访的中国湖基地VX-5中队的A-7C"海盗"飞机从穆古角基地起飞。（米克·罗斯）

上图：该照片拍摄于1973年的穆古角基地，"万迪5号"F-4S飞机喷涂着美国海军的经典颜色。（米克·罗斯）

下图：2003年，著名的亮黑色涂装的"万迪1号"F-14D飞机沿加利福尼亚州海岸巡航。2004年该机于驻穆古角基地的分队解散前黯然退役。（理查德·科伦斯）

上图：2003年年底拍摄于穆古角基地，VX-9中队F-14分队的一架F-14D"雄猫"战机在附近的太平洋导弹靶场执行任务后回到停机位。（理查德·科伦斯）

上图：F-14D "雄猫" 的精妙线条——该型飞机在穆古角基地活动的最后一年，一架VX-9中队的 "雄猫" 向着跑道滑行。（杰米·亨特 / AVIACOM公司）

右图：在 "捕鳄2002" 演习期间，VX-9中队的一名F-14D "雄猫" 战机飞行员在佛罗里达州基韦斯特海军航空站向地勤人员发出信号。这架 "吸血鬼" 中队的F-14飞机与其他单位一起定期部署在此，用于仿敌机型空战训练。（美国空军 / 谢恩·科莫）

下图：驻穆古角基地的VX-4中队的光辉时代——F-4"鬼怪"和F-14"雄猫"共享这里著名的跑道。1986年VX-4中队最后的F-4S飞机退役了，只剩下格鲁曼公司的"雄猫"战斗机。（万斯·瓦斯克斯）

上图：一个时代的结束。2004年，穆古角基地分队准备解散，"万迪1号"F-14D与一架VX-9中队的F/A-18F一起编队飞行。VX-9中队的所有活动现在都集中到中国湖基地。（美国海军 / 怀特赛德少校）

第六章

穆古角基地

"猎犬" 之家

加利福尼亚州文图拉县秋天的早晨，空气清新，金色的阳光普照。冲浪的人们在享受着沿岸的浪花，而流向洛杉矶的车龙与往常一样拥挤。在奥克斯纳德平原的东南角，大海与圣莫尼卡山脉的交汇处，坐落着美国海军最著名的

下图：在穆古角基地附近的太平洋靶场上空执行完 2 对 1 基本战斗机机动动作任务后，指挥官瑞奇·伯尔，2006年VX-30 "猎犬" 中队的指挥官，以舰载机现场降落演练的形式，猛地加大动力并爬升远离。（杰米·亨特 / AVIACOM公司）

左图：指挥官瑞奇·伯尔进行"大黄蜂"飞行前的准备工作。（杰米·亨特/AVIACOM公司）

下图：2005年9月，"猎犬"中队有着五颜六色机尾的"大黄蜂"机群停在穆古角基地的跑道上。（杰米·亨特/AVIACOM公司）

左图：2004年，"猎犬"中队撤走了他们的F-14"雄猫"和QF-4"鬼怪"飞机，作为替代品，又迎来了F/A-18A/B"大黄蜂"飞机。在外观上与90年代初VAQ-34电子战训练中队的做法相似，VX-30中队的"大黄蜂"也在垂直尾翼上喷涂了一颗红星。（杰米·亨特/AVIACOM公司）

飞行试验站之一。因实施的试验具有多样性，海军文图拉县基地穆古角航空站一直以来都与一些非常有趣的海军现役飞机打交道。

"把导弹射入敌人的座舱，把炸弹扔进敌人的大门"是VX-30"猎犬"中队的目标宣言。该测试中队的正式名称为"第30航空测试与评估中队"，因海军空战中心所辖的穆古角海军武器试验中队能力调整而成立于1995年5月。该中队此前有许多身份，但对于驻穆古角的海军航空系统司令部和海军空战中心武器分部的一些部门来说，仍然是主要的试验单位。

这里试验的萌芽期可追溯到1945年1月，那时"潜鸟"地对地导弹被当作一种潜在的舰对岸武器在这里进行评估。到1949年，穆古角成为海军航空基地，也是海军航空导弹测试中心所在地，1958年测试了首枚防区外空对地导弹——无线电制导的"小牛"导弹，之后还测试过现在很有名的AIM-7"麻雀"导弹。

相邻的太平洋导弹靶场很快就被通过飞行走廊与中国湖基地中类似的设施相连。1990年年初，穆古角基地被重新命名为太平洋导弹试验中心——现在作为有着历史传承的军事里程碑的荣耀，

左图：指挥官伯尔登机去执行任务。VX-30中队的"大黄蜂"不停地忙碌，为舰队在附近的太平洋靶场举行的演习提供保障。（杰米·亨特/AVIACOM公司）

的确是这样，只要提到在海军服役的任何航空武器系统，你可以打赌穆古角基地必定有所参与。F-14"雄猫"配备的AWG-9雷达和其独有的AIM-54"不死鸟"导弹就是在这里被造出来并接受了喷气机实验，其各系统都集中在穆古角基地，直到它于1973年开始进入舰队服役。

一直以来，穆古角基地承担着令人难以置信的各种类型使命与各种型号飞机的混合任务，与VX-30"猎犬"中队及世界上最大的海上试验靶场一起组成的联合体，确保了该基地仍然是南加州海军快速喷气机最后的堡垒之一。这里的许多飞行员都提到"少不更事的时期"，那时他们以米拉马尔空军基地为

家——时代的变化是多么大。"猎犬"中队为美国海军大量尖端的作战系统的研究、开发、试验和评估提供支持，而为了完成这一艰巨的任务，使用了一支特别的多样化的机队。

2003年，当VX-30中队最后的F-14"雄猫"和QF-4"鬼怪"飞机被决定退役时，该中队使用混合多样化机队的传统受到了一次沉重的打击。该中队曾参与了"雄猫"战机大部分的升级，还是海军最后一个拥有专门用于"雄猫"飞机试验团队的单位。除了F-14飞机外，由VX-30中队实施的美国海军QF-4"鬼怪"战机最后的飞行，起到了一个独特的，或者说是不可替代的作用。这对这两型战机而言是终点。VX-30中队富有魅力的"雄猫"和"鬼怪"换成了A型和B型的"大黄蜂"——是继续前进的时候了。

今日的"猎犬"中队

与穆古角基地相邻的海上试验靶场从大瑟尔南部直到墨西哥边境，有着对海军作战系统进行完整测试与评估所需的绝妙的水下和水上环境。在这

个36000平方英里的靶场中遍布仪器设备，为安全实施空中、水面和水下武器试验提供了一个广阔的环境。它可以承载包括飞机、水面舰艇和潜艇在内的复杂而完整的航母战斗群舰队演习。它甚至在中国湖基地还有一个由联邦航空局批准的低空路径对地攻击靶场用于巡航导弹试验。VX-30中队的NP-3D"猎户座"飞机除了为舰队提供支援外，还为所有武器试验和作战发射提供靶场净空方面的保障，并通过使用先进的遥感、雷达和光学系统扩展套件，为各种任务

上图：VX-30中队的"大黄蜂"来自多个单位，包括这架保留着其在VFC-12中队时颜色的Ａ型飞机。

下图：特别涂装的VX-30中队指挥官的飞机。2005年，"猎犬"中队的头儿是指挥官汤姆·布尔博。该中队不担负"大黄蜂"的开发任务，而是集中精力做好项目保障工作。（杰米·亨特／AVIACOM公司）

上图："猎犬"中队飞行开始。指挥官伯尔向地勤人员发出信号，表示他要发动飞机了。（杰米·亨特／AVIACOM公司）

上图：绰号"剃刀"的指挥官希克少校驾驶该中队的一架F/A-18A飞机返回穆古角基地。这些飞机配备有"虎"式红外线测量吊舱，为试验提供保障。（杰米·亨特／AVIACOM公司）

提供目标跟踪能力。安装了扩展区域试验系统"横列定向天线"整流罩的NP-3D飞机能够跟踪巡航导弹，在为不同的项目提供支援的过程中，已经有超过4000小时的飞行记录，范围从大西洋到太平洋、从加勒比地区到遥远的印度洋。

该中队的DC-130A飞机，建造于1957年，并于2002年回到VX-30中队工作，目前已经被存储或去维修有一段

时间了。这架DC-130飞机也有参战经历，曾应召参加"伊拉克自由行动"。该机（"猎犬"中队497号）在加拿大埃德蒙顿由L-3SPAR航空公司进行深度保养时，被紧急买回来进行作战准备。2003年为了使"大力神"从天寒地冻的加拿大基地返回并做好部署到科威特的准备，"猎犬"中队的指挥官韦德·克努森从同驻穆古角基地的空军国民警卫队使用C-130的单位中寻求帮助。指挥官克努森作为DC-130的机长接受了培训，并与他的机组一起部署到阿里萨利姆空军基地为"伊拉克自由行动"做好准备。在刚抵达的第一晚就接到了包括

化学武器攻击在内的许多警报，使DC-130的机组人员硬生生的被迫学着去适应。一旦任务开始，DC-130飞机被用于在巴格达附近发射其携带的BQM-34"火蜂"无人靶机。这些靶机随后投放雷达干扰箔条，直到燃料耗尽为止，并作为诱饵吸引防空火力，使之远离联军的攻击飞机。其中一架无人机背上了一些恶名，因为它的降落伞落到巴格达市中心底格里斯河里的芦苇丛中而被伊拉克民兵发现。电视台播出的画面显示伊拉克人在放火烧芦苇丛，因为他们认为那个降落伞属于被击落的飞行员——

不管怎样，大部人还是认为那是"火蜂"的降落伞。

2004年，随着机队的飞机已经从"雄猫"和"鬼怪"转换为"老式"的F/A-18A/B"大黄蜂"飞机，VX-30中队的任务也发生了一些变化。2005年，时任指挥官的首席试飞员瑞奇·伯尔谈到："在F-4和F-14飞机退役后，海军航空系统司令部判断海上试验靶场仍然需要战术飞机的保障。我们安全驾驶飞机为试验项目追踪摄影，包括国家航空航天局的超音速冲压喷气发动机项目，我们还飞'战斧'导弹追踪任务，还

下图：穆古角基地VX-30中队的战斗机跑道。这些坡道是海军多样化试验的大本营，多年来一直用于开发飞机，现在轮到F/A-18A了。（杰米·亨特/AVIACOM公司）

左图：在右翼下挂载单个副油箱的非对称配备的"猎犬102"战机从穆古角基地第21跑道起飞跃升。（杰米·亨特/AVIACOM公司）

左图：指挥官瑞奇·伯尔在穆古角基地的交叉跑道上实施现场降落演练。穆古角基地现在也被称为海军文图拉县基地，太平洋舰队的E-2C"鹰眼"预警机中队也驻扎在此。（杰米·亨特/AVIACOM公司）

为雷达和先进中程空对空导弹飞目标轨迹，在该项目里我们携带先进中程空对空导弹受控评估吊舱。在计划制订期间，如特遣部队演习，我们直接参与了对舰队的保障。在这种行动中，我们携带电子战吊舱扮演敌对势力挑衅者与舰艇对抗。我们还通过支援三类对手如'幼狮'和法伦航空基地的对抗部队，进而为舰队战备方案提供支持。"

最近在太平洋靶场上空测试的新装备包括X-43A高超音速飞机，而更近一些的是波音公司、国防高级研究计划局和海军合联开发的高超音速攻击机验证机"HyFly"。2005年10月在穆古角基地进行的试验中，一架F-15E发射"HyFly"，固体火箭助推器成功启动并将"HyFly"加速到马赫数3。

这项试验是"HyFly"计划的五次

左图：在加利福尼亚州远离海岸的海峡群岛上空，VX-30中队的DC-130A"大力神"飞机转向返航。除了承担发射无人机的任务外，这架"大力神"飞机还被用于向圣尼古拉斯基地运送装备。（杰米·亨特/AVIACOM公司）

飞行试验中的第二次，预计到2007年第五次试验将使飞行器的飞行速度达到马赫数6。"HyFly"计划的目标是使高超音速导弹概念成熟，并将展示一种可从水面舰艇、潜艇和战斗机上兼容发射的配置。

也是在2005年10月，装备了有源电子扫描阵列雷达的"超级大黄蜂"战机伸展着拳脚，两架来自中国湖基地的F/A-18F战机发射一枚先进中程空对空导弹实弹，攻击从VX-30中队的DC-130飞机上发射的一架无人靶机。该项目正在利用新型雷达发展"超级大黄蜂"的能力，并且试验正在朝着"从更远距离开火"加速进行。

下图：感受噪音——在太平洋靶场上空完成任务后，"猎犬"中队一架洁净的NP-3D"猎户座"飞机从冲洗斜坡滑行入场。其尾翼上的"横列定向天线"被用于巡航导弹跟踪试验。该中队"新"补充的P-3C飞机将不采用这一修改。（杰米·亨特/AVIACOM公司）

左图：在"伊拉克自由行动"期间，VX-30中队艳丽的DC-130A参与了作战行动。（杰米·亨特/AVIACOM公司）

上图：一架保留了原本的白色和鸥灰色漆面的VX-30中队的NP-3D飞机，正离开穆古角基地前往太平洋靶场巡逻。这架飞机，"猎犬341"号，将会是该中队将于2009年退役的三架NP-3D飞机中的最后一架，这三架飞机将被三架P-3C飞机替代。（理查德·科伦斯）

上图：这架VX-30中队的KC-130F是从美国海军陆战队转移过来的两架"大力神"飞机之一。这些飞机担负着加油、运输和无人机发射的任务。它们还将获装来自P-3飞机的APS-115雷达，以承担靶场净空控制任务。（杰米·亨特/AVIACOM公司）

左图：时代的变迁。1997年的穆古角基地，一架VX-30中队的NP-3D"猎户座"飞机框住了背景中QF-4"鬼怪"飞机的跑道。（杰米·亨特/AVIACOM公司）

下图：随着QF-4S"鬼怪"飞机最终退役，2004年VX-30"猎犬"中队告别了它最后的QF-4S"鬼怪"飞机。美国海军的F-4飞机有着悠久而光荣的历史，其性能是其他任何现役飞机所无法比拟的。（杰米·亨特/AVIACOM公司）

上图：每头"猎犬"都有得意之时——"CUJO"是这架2003年11月从穆古角基地起飞到太平洋上空执行任务的VX-30中队的"鬼怪"飞机舵基上喷刷的名字。VX-30中队最后的"鬼怪"飞机方向舵上的名字都是合适的"狗"的名字——这是由维护人员开创的一个传统，用来为每架飞机提供一个独特的"犬"身份。（杰米·亨特/AVIACOM公司）

海军"鬼怪"飞机的最后亮相

直到2004年，穆古角基地是世界上唯一可以看到在用的美国海军F-4"鬼怪"飞机的地方。在穆古角基地的"鬼怪"跑道上，通常要有为日间飞行做好准备的三或四架飞机——根据日程表安排。VX-30中队的QF-4被民用承包商DynCorp公司精心维护，该公司大部分人员都有在军队保障一种或几种型号的F-4飞机的很长的从业时间。VX-30中队的"鬼怪"飞机最终于2004年9月退役，最后离开穆古角基地的飞机或是进入博物馆，或是被当作靶子在靶场摧毁。仍在服务的飞机被作为试验与保障平台使用，并作为前舰队飞机被海军改装为QF-4标准型。这些坚强的飞机可以由海军的F-4飞行员小组照常驾驶，也可以作为无人驾驶的航空靶标通过遥控来飞行，像美国空军第82航空靶标中队的飞机那样。由于QF-4飞机的退役，海军只保留了3名具有QF-4飞行资格的飞行员。除了唯一保留的一架QF-4N飞机，QF-4S+飞机在行动结束后就是这

上图：1998年，随着J79引擎进入全加力状态，一架QF-4N飞机冲出了穆古角基地。（杰米·亨特/AVIACOM公司）

里的"国王"，所有这些飞机的垂直尾翼都被用"猎犬"中队的狗头标志装饰，并且在舵基上喷刷独特的昵称。这三色调的灰色图案四处张望，仿佛它们仍然在前线。

但是这些QF-4型"鬼怪"全都被改装为全尺寸航空靶标，或"无人机"——这意味着大部分会在导弹试验中作为真实目标最终被击落。这些前海军或海军陆战队的F-4飞机被从存储仓库送到位于北卡罗来纳州切里角航空站的海军航空兵仓库为海军进行改装。在这里，飞机内部的适航设备被修改，加装自动驾驶遥控器，并且根据飞机的预期寿命加装大量的特殊试验设备。当2002年减少美国海军QF-4飞机行动的

决定被做出时，位于切里角航空站的海军航空兵仓库开始着手改装其最后一些"鬼怪"飞机用做"无人机"。2003年3月3日，VX-30中队的"鬼怪"飞机试飞员瑞奇·布赖恩特将QF-4S交付给"猎犬"中队。

直到2004年海军仍然在使用"鬼怪"飞机的事实证明了该飞机的性能——F-4特别适合有人驾驶任务。它的"无人机"性能被证实对于导弹试验非常有用。F-4S飞机特别扩大了机翼前缘缝翼，在其张开时，可使该机的作战转弯能力增加50%，同时提升低速操控性。大多数人都视该机为终极版"鬼怪"。

海军QF-4飞机作为全尺寸航空靶

上图：辉煌年代——1998年"猎犬"中队跑道上的情景。前景中新型QF-4S飞机正在开始取代QF-4N飞机成为该中队主要的"鬼怪"试验平台。穆古角基地一直在庇护稀有的海军型"鬼怪"并夸耀令人兴奋的飞行，而且现在还在这样做。令人尊敬的A-3"空中武士"和A-7"海盗"飞机在这里的VAQ-34中队服役，直到该中队迁到勒莫尔海军航空站并于解散前升级为F/A-18飞机。最后的海军型"海盗"飞机，EA-7L（以前由VAQ-34中队使用），在1994年11月前由"猎犬"中队使用。（杰米·亨特/AVIACOM公司）

标的作用通过"自动驾驶"能力体现出来，在远离穆古角基地海岸线的遥远的圣尼古拉斯基地，飞行员在安全的地面站遥控"驾驶"QF-4。这些针对VX-30中队"犀牛"飞机的飞行任务只是"鬼怪"飞机总体任务中的一小部分，因为从模拟进攻的反舰导弹到高速武器试验，许多测试都严重依赖QF-4。

　　"鬼怪"飞机定期支援水面舰艇的训练演习，为提高威胁意识，"鬼怪"飞机可以使用基于俄罗斯Kh-31反雷达和反舰导弹研制的MA-31高速航空靶标。作为QF-4飞机最刺激的有人驾驶任务，对"战斧"巡航导弹的追踪被许多飞行员争相排名。一旦"战斧"从舰艇上被发射，VX-30中队的飞行员们就驾驶QF-4飞机紧随其后进行追踪。现在这项目工作由F/A-18飞机承担。

　　QF-4飞机从中队退役的决定及美国海军资产目录都表明，在经过约44年的

左图：1998年，在一次试验任务中，"猎犬"中队"鬼怪"飞机资深飞行员、指挥官奇普·尚利少校驾驶QF-4S飞机爬升。（杰米·亨特/AVIACOM公司）

下图：1998年，一架喷涂"鲨鱼嘴"图案的QF-4N"鬼怪"飞机从容地滑行在穆古角基地03号跑道上准备执行任务。在这里QF-4飞机的大部分任务需要有人驾驶，只有用于导弹对真实目标的实弹射击等少数任务时才会作为无人机从圣尼古拉斯岛遥控飞行。（杰米·亨特/AVIACOM公司）

左图：随着美国海军发展到使用QF-4S飞机，传统的涂着发光彩漆的机鼻和机尾的标记都开始消失。这是最后几架炫耀这些鲜艳标志的飞机之一。（杰米·亨特/AVIACOM公司）

下图：2003年年底，指挥官韦德·克努森驾驶VX-30中队的QF-4S飞机在远离加利福尼亚海岸的海峡群岛国家公园上空飞行。（杰米·亨特/AVIACOM公司）

辉煌后，该机在美国海军的服役最终结束。指挥官克努森说："F-4在美国海军有着一段漫长而辉煌的历史。每当我有幸驾机飞行，我会想那些在我之前逝去的东西，以及使海军航空兵的能力保持在时代尖端的技术进步。有趣的是，虽然主要作为无人机或靶机来使用，但F-4飞机的性能仍然是全世界现役的许多飞机所不可匹敌的。"

第一架海军"鬼怪""无人机"是QF-4B飞机，改装于1970年年初，用于取代在中国湖基地承担试验任务的QF-86"佩刀"飞机。QF-4B飞机为基本型，不能做大过载动作，并且在俯仰

上图：地勤人员照料着"鬼魂"——洁净的白色YF-4J飞机，由"猎犬"中队作为弹射座椅试验平台使用。该飞机目前已入库封存。（杰米·亨特/AVIACOM公司）

上图：这张照片拍摄于2003年年底，当时VX-30中队的指挥官是韦德·克努森，海军型F-4飞机最后的飞行员之一。（杰米·亨特/AVIACOM公司）

和侧滚方面也有限制。很快，1983年这些飞机就被更具机动性的QF-4N飞机取代，自1986年起进入穆古角基地服役。90年代末期，QF-4S在VX-30中队加入了这个行列。海军型QF-4原本和空军型一起由位于莫哈韦的BAE系统公司的飞行系统公司（特拉科航空航天公司）生产，但不同军种对重点的不同要求最终导致项目各自独立。终极版QF-4S+飞机采用了新型电子战套件和美国天宝公司的GPS全球定位系统。

至于这些"鬼怪"飞机的替代品，美国空军廷德尔空军基地的QF-4飞机全权负责全尺寸航空靶标任务。没有其他别的飞机看上去或听起来与"鬼怪"飞机相像。"古怪"的12°外翼上反角和巨大的进气口，让它看起来有商用飞机的意思。与最新的尖端导弹对抗，而

且仍能不时地排名榜首，这些最后的"鬼怪"飞机为它们的保留又赢得了很长一段时间。那些仍然称"鬼怪"飞机为"坐骑"的海军飞行员有理由感到骄傲。不幸的是，这是一场即使是强大的"鬼怪"飞机也无法取胜的战斗。

上图：2003年在太平洋上空执行任务期间，指挥官克努森驾机向一架VX-30中队的DC-130A"大力神"飞机靠拢。（杰米·亨特/AVIACOM公司）

左图：一起翻滚！这是从F-14D摄影飞机上拍摄的照片，指挥官韦德·克努森将QF-4S飞机翻转，呈现戏剧化的风格。原先F-4S飞机改装计划的目标是延长其服役期并对F-4J型予以加强。F-4S成为一种性能出众的战斗机得益于它扩大的前缘缝翼，在其张开时，可使该机的作战转弯能力增加50%，同时提升低速操控性。（杰米·亨特/AVIACOM公司）

下图：从引擎喷出的特殊烟雾尾迹不是F-4S飞机所特有的，那是装有低烟燃烧器和低能量点火器的J79-GE-10B引擎的特征。（理查德·科伦斯）

下图：不可替代的F-4"鬼怪"，"猎犬126"号飞机为了照相而转弯。（杰米·亨特/AVIACOM公司）

上图："鬼怪"得心应手，在向着穆古角基地返航时，指挥官韦德·克努森拉起QF-4S飞机做了一个45°的爬升。（杰米·亨特/AVIACOM公司）

上图：在深蓝色太平洋的上空，"猎犬126"号调头返航。这架QF-4S飞机在VFA-154"黑骑士"中队渡过了其胜任的海军服役生涯。（杰米·亨特/AVIACOM公司）

上图：以加州海岸和文图拉县为背景，"猎犬126"号QF-4S"鬼怪"飞机准备在穆古角基地转向。（杰米·亨特/AVIACOM公司）

上图：眼前的景象令人黯然怀念——在飞行专家指挥官韦德·克努森的操控下，昵称"土豆"的"猎犬122"号QF-4S飞机飞临穆古角基地21号跑道起点上空。（杰米·亨特/AVIACOM公司）

左图：一架"猎犬"中队的QF-4S飞机在穆古角基地拖着阻力伞滑向它的停机位。（理查德·科伦斯）

下图：一张VX-30中队的QF-4S和F-14D飞机组成编队的独特照片，于2003年11月在太平洋上空从VX-30中队的DC-130A飞机上拍摄。（理查德·科伦斯）

最后的"雄猫"试飞员

上图：2005年指挥VX-30中队的是指挥官汤姆·布尔博，一名经验丰富的F-14飞机雷达拦截官。照片拍摄于2003年，那时他是首席试飞员，即将进入该中队一架F-14B飞机中。（理查德·科伦斯）

上图：随着一架VX-30中队的"雄猫"飞机为清晨的试验任务滑行出来，早晨的空气被两台通用电气公司的F110引擎特有的高亢轰鸣声穿透。（杰米·亨特/AVIACOM公司）

左图："猎犬200"号F-14D飞机是VX-30中队最后的"雄猫"，也是最后一架隶属于试验中队的"雄猫"，于2004年8月退役。图中该机正处于快乐时光，在穆古角基地的跑道上做好准备去执行试验任务。（杰米·亨特/AVIACOM公司）

上图：在海军航空系统司令部西边的试验靶场上空实施控制性测试期间，一枚Block IV型"战斧"巡航导弹被一架VX-30中队的F-14D"雄猫"战机护卫。该型导弹在第二次飞行试验期间完成了水下垂直发射，并以全程制导方式飞行了780英里后按计划击中指定目标。（美国海军）

左图：对于那些曾在穆古角基地服役或访问的人们，这个情景将永远铭刻在脑海里——2003年年底，VX-30中队的F-14B"雄猫"战机从任务返回。2006年，"雄猫"将从海军退役，那时最后的VF-31中队和VF-213中队也将换装为"超级大黄蜂"飞机。（杰米·亨特/AVIACOM公司）

上图：2003年11月，编号"猎犬200"的F-14D由绰号"星期五"的指挥官马可·托马斯少校驾驶，远离加利福尼亚海岸巡航，本书作者在飞机的后座。（杰米·亨特/AVIACOM公司）

左图：一架VX-30中队的QF-4S飞机转入穆古角基地的起落航线。随着强大的"鬼怪"飞机在美国海军的退役，美国空军保留了美国该型飞机唯一的飞行员。在其辉煌的生涯中，该型飞机为试验单位提供了出色的服务。（杰米·亨特/AVIACOM公司）

最后的"雄猫"试飞员

2003年"伊拉克自由行动"期间，在前往位于波斯湾的航母之前，VX-30中队的试飞团队授权F-14D飞机携带GBU-31联合直接攻击弹药，以确保舰队及时地拥有作战行动所需的那些能力。2003年的其他重大项目包括F-14D的三个主要作战飞行程序的发布、集成GPS导航、APG-71雷达高分辨率绘图、GBU-24激光制导炸弹整合、改进和更新机载自我保护干扰机、ALR-67雷达告警接收机和红外搜索与跟踪系统。

2004年9月"猎犬200"号F-14D飞机最后一次从穆古角基地升空，并飞往位于亚利桑那州戴维斯-蒙森空军基地的飞机坟场。最后的离开因舰队授权安装最新的软件（D05）而稍有延迟。作为接替者，"大黄蜂"飞机有很多要去实践，如新队长汤姆·布尔博所说："就我个人来说，我将错过'雄猫'飞机的高速度、高耐用性和长航程等性能。还有比目前其他战机在更远的距离发现目标并与之交战的能力。然而更重要的是，在航展上'雄猫'总能吸引漂亮的女性——气坏了我们空军的F-15和F-16兄弟！"对于"猎犬"中队，充分发挥F-4和F-14飞机众多的高超性能并不容易，而看着它们双双离去显然也非常伤心。

"猎犬"中队的未来无疑将涉及进一步的改革，并且改变在一点点的进行中，将会看到该中队与中国湖基地的其他单位进一步合并，就像VX-9中队所经历的那样。

由于老化问题，NP-3D飞机将会在这个十年末退役，而三架前舰队的P-3C飞机预计于2010年来到这里。该中队还将于2006年淘汰DC-130，作为替代，将使用两架前海军陆战队的KC-130飞机（编号"猎犬400/401"），这两架飞机都将安装用于靶场协调的APS-115雷达以及用于无人机发射和加油机支援任务的可互换挂架。

不管"猎犬"中队的未来怎样，他们执行的任务显然同以往一样重要，并且他们将适应面对未来的挑战，就像所有这些引人注目的试验中队一样。

上图：一个令人难忘的时刻，2003年11月，在一次照相任务结束后，本书作者和指挥官韦德·克努森及参与本次任务的其他机组人员在VX-30中队的QF-4S和F-14D飞机前合影。（理查德·科伦斯）